essentials

essentials liefern aktuelles Wissen in konzentrierter Form. Die Essenz dessen, worauf es als „State-of-the-Art" in der gegenwärtigen Fachdiskussion oder in der Praxis ankommt. *essentials* informieren schnell, unkompliziert und verständlich

- als Einführung in ein aktuelles Thema aus Ihrem Fachgebiet
- als Einstieg in ein für Sie noch unbekanntes Themenfeld
- als Einblick, um zum Thema mitreden zu können

Die Bücher in elektronischer und gedruckter Form bringen das Expertenwissen von Springer-Fachautoren kompakt zur Darstellung. Sie sind besonders für die Nutzung als eBook auf Tablet-PCs, eBook-Readern und Smartphones geeignet. *essentials:* Wissensbausteine aus den Wirtschafts-, Sozial- und Geisteswissenschaften, aus Technik und Naturwissenschaften sowie aus Medizin, Psychologie und Gesundheitsberufen. Von renommierten Autoren aller Springer-Verlagsmarken.

Weitere Bände in der Reihe http://www.springer.com/series/13088

Valentin Crastan

Klimawirksame Kennzahlen für Afrika

Statusreport und Empfehlungen für die Energiewirtschaft

Valentin Crastan
Evilard, Schweiz

ISSN 2197-6708 ISSN 2197-6716 (electronic)
essentials
ISBN 978-3-658-20495-2 ISBN 978-3-658-20496-9 (eBook)
https://doi.org/10.1007/978-3-658-20496-9

Die Deutsche Nationalbibliothek verzeichnet diese Publikation in der Deutschen Nationalbibliografie; detaillierte bibliografische Daten sind im Internet über http://dnb.d-nb.de abrufbar.

Springer Vieweg

Gedruckt auf säurefreiem und chlorfrei gebleichtem Papier

Springer Vieweg ist Teil von Springer Nature
Die eingetragene Gesellschaft ist Springer Fachmedien Wiesbaden GmbH
Die Anschrift der Gesellschaft ist: Abraham-Lincoln-Str. 46, 65189 Wiesbaden, Germany

Was Sie in diesem *essential* finden können

- Bevölkerung und Entwicklung des Bruttoinlandprodukts aller Regionen und Länder Afrikas (Kap. 1, Abschn. 1.2)
- Bruttoenergie, Endenergien, Verluste des Energiesektors und CO_2-Emissionen aller Regionen, in Abhängigkeit aller Energieträger und Verbraucherkategorien (Abschn. 1.3).
- Elektrizitätsproduktion und -verbrauch aller Regionen und bevölkerungsreichsten Länder (Abschn. 1.3 und Kap. 3)
- Energieflüsse von der Primärenergie über die Endenergie zu den Endverbrauchern für alle Regionen und bevölkerungsreichsten Länder (Abschn. 1.4 und Kap. 3)
- Entwicklung der wichtigsten Indikatoren wie Energieintensität, CO_2-Intensität der Energie und Indikator der CO_2-Nachhaltigkeit für alle Länder (Abschn. 1.5 bis 1.7). Detaillierte Werte der CO_2-Intensität der Energie für alle bevölkerungsreiche Länder (Abschn. 3.3)
- Weltweite Verteilung der für den Klimawandel verantwortlichen kumulierten CO_2-Emissionen (Kap. 2)
- Indikatoren- und CO_2-Emissionsverlauf in der Vergangenheit und notwendiger bzw. empfohlener Verlauf zur Einhaltung des 2-Grad-Ziels als Minimalziel für alle Regionen (Kap. 2)
- Für das 2-Grad-Ziel notwendige Emissionssituation in 2050 (Kap. 2)

Vorwort

In der Antike, im Mittelalter, in der Kolonialzeit, seit jeher ist der afrikanische Kontinent mit Europa eng verbunden. Seine Nähe als längste Außengrenze Europas ist auch in der Gegenwart in Zusammenhang mit Migrationsbewegungen sehr spürbar. In Zukunft wird Afrika als wirtschaftlich aufstrebender Erdteil und wegen seiner Bodenschätze noch mehr Bedeutung, und nicht nur für Europa, erlangen. Umso wichtiger schien es mir, diese kleine *essential*-Reihe im dritten Band mit Afrika fortzusetzen.

Hauptanliegen war es, anhand der verfügbaren Energie- und Wirtschaftsdaten zu einer knappen, aber anschaulichen Darstellung der energiewirtschaftlichen Situation des Kontinents und seiner weiteren Entwicklung zu gelangen. Wegen des in den nächsten Jahrzehnten zu erwartenden wirtschaftlichen Aufschwungs muss man die Energiewirtschaft des Kontinents gut kennen und mit Blick auf die Klimaziele versuchen, sie durch aktive Unterstützung zielgerecht mitzugestalten.

Die Energieverantwortliche in Wirtschaft und Politik der jeweiligen Länder sowie die sich mit dem Klimaschutz befassenden Institutionen, Forschergruppen und Entwicklungshelfer können aus den hier gegebenen Empfehlungen ihre eigenen Schlüsse ziehen und die Maßnahmen ergreifen, die notwendig sind, um das 2-Grad-Ziel zu gewährleisten und möglichst, wie von der Klimawissenschaft gefordert, auch zu unterschreiten. Grundlagen zur weltweit notwendigen Emissionsbegrenzung bis 2050 und 2100 sind auch im Werk „Weltweiter Energiebedarf und 2-Grad-Ziel" des Autors gegeben, das 2016 im Springer-Verlag erschienen ist.

Evilard
November 2017

Valentin Crastan

Inhaltsverzeichnis

Energiewirtschaftliche Analyse 1

1.1 Einleitung

Im dritten Band der *essential*-Reihe „Klimawirksame Kennzahlen der Energiewirtschaft" wird Afrika analysiert. Mit Ausnahme von Nord-Afrika und der Republik Südafrika ist der afrikanische Kontinent stark unterentwickelt. Dank seines demografischen und wirtschaftlichen Potenzials sowie der Energiereserven wird er aber weltweit an Bedeutung zunehmen.

Nach der Analyse in Kap. 1. Der Entwicklung aller maßgebenden Größen wie Bevölkerung, Bruttoinlandprodukt, detaillierter Energieverbrauch und CO_2-Emissionen bis 2014 werden in Kap. 2. Szenarien für die künftige Evolution, welche die Klimaziele respektiert, dargelegt. Für Details einzelner Länder siehe auch Kap. 3. Für Afrika resultiert insgesamt, bei Beachtung des Entwicklungsrückstands, lediglich eine Einschränkung des Emissionsanstiegs.

Das für die Analyse verwendete Datenmaterial und die maßgebenden weitergehenden Publikationen (s. auch Literaturverzeichnis) seien nachfolgend erwähnt:

- Die statistischen Daten zur Bevölkerung und zur Verteilung des Energieverbrauchs aller Länder stammen aus den aktualisierten Berichten der Internationalen Energie Agentur (IEA) [4]. Jene über das kaufkraftbereinigte Bruttoinlandprodukt (BIP KKP) einschließlich prognostizierter Entwicklung sind dem Bericht des Internationalen Währungsfonds (IMF) entnommen [5] (der sie im Wesentlichen von der Weltbank übernimmt) mit dem Vorteil, dass Voraussagen für die nachfolgenden sieben Jahren vorliegen.
- Das Thema Klimawandel und deren Folgen für die Weltgemeinschaft werden ausführlich in den Berichten des Intergovernmental Panels on Climate Change (IPCC) analysiert [6, 7, 8]. Ebenso die notwendigen globalen Maßnahmen für

V. Crastan, *Klimawirksame Kennzahlen für Afrika,* essentials,
https://doi.org/10.1007/978-3-658-20496-9_1

den Klimaschutz. Zu den Argumenten für eine Verschärfung des 2-Grad Klimaziels, d. h., um wenn möglich die 1,5 Grad Grenze einzuhalten, sei auch auf [9] hingewiesen
- Die allgemeinen und für das vertiefte Verständnis der energiewirtschaftlichen Aspekte notwendigen Grundlagen, und dies aus der weltweiten Perspektive, sind in [3] und die Bedingungen zur Einhaltung des 2 °C-Klimaziels in [2] gegeben. Allgemeine Unterlagen zur elektrischen Energieversorgung findet man in [1].

Die Daten und Analyse der restlichen Weltregionen findet man in den weiteren vier Bänden dieser Reihe:

1. Europa und Eurasien [10]
2. Amerika [11]
4. Nahost und Südasien
5. Ostasien und Ozeanien

1.2 Bevölkerung und Bruttoinlandprodukt

Afrika weist 2014 mit 1156 Mio. Einwohner (Abb. 1.1) ein kaufkraftbereinigtes Bruttoinlandprodukt BIP (KKP) von 5150 Mrd. US$ ($ von 2010). Die fünf Länder mit dem größten BIP, nämlich Nigeria, Ägypten, Algerien, Marokko und Südafrika, erbringen zusammen mit 34 % der Bevölkerung 64 % des BIP [3].

Aus energiewirtschaftlicher Sicht ist es zweckmäßig, Afrika in den folgenden drei Regionen aufzuteilen, die sich grundlegend unterscheiden:

1. **Nord-Afrika** (Marokko, Algerien, Tunesien, Libyen, Ägypten, Sudan) Sudan (d. h. Nord-Sudan) wurde hier Nordafrika zugeordnet.
2. **Südafrika** (Republik Südafrika)
3. **Rest-Afrika** (Angola, Äthiopien, Benin, Botswana, Elfenbeinküste, Eritrea, Gabun, Ghana, Kamerun, Kenia, Kongo, Demokratische Republik Kongo, Mauritius, Mosambik, Namibia, Niger, Nigeria, Sambia, Senegal, Simbabwe, Süd-Sudan, Tansania, Togo, restliche Länder)

Das BIP (KKP) pro Kopf Afrikas ist im Mittel im weltweiten Vergleich sehr niedrig und beträgt 4500 $/a (weltweiter Durchschnitt 13.900 $/a in US$ von 2010) [4, 5].

Die Verteilung des BIP (KKP) pro Kopf in **Nord-Afrika** zeigt Abb. 1.2 (im Mittel mit 9200 $/a deutlich über dem Kontinent-Durchschnitt). Die zwei

Bevölkerung von Afrika
2014 Total 1'156 Mio.

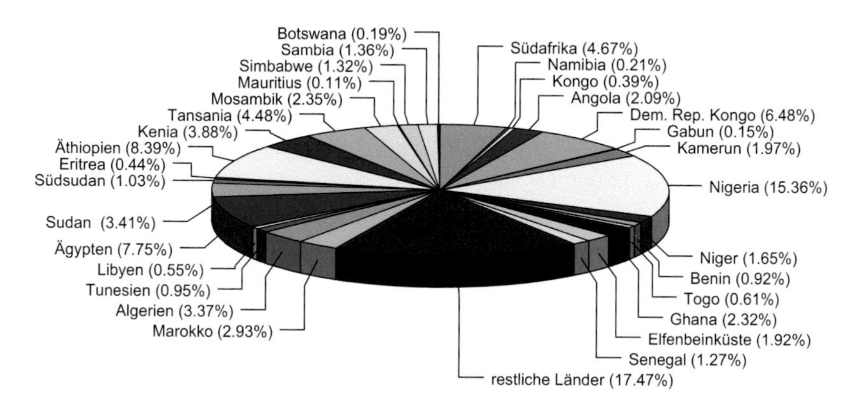

Abb. 1.1 Prozentuale Aufteilung der Bevölkerung Afrikas

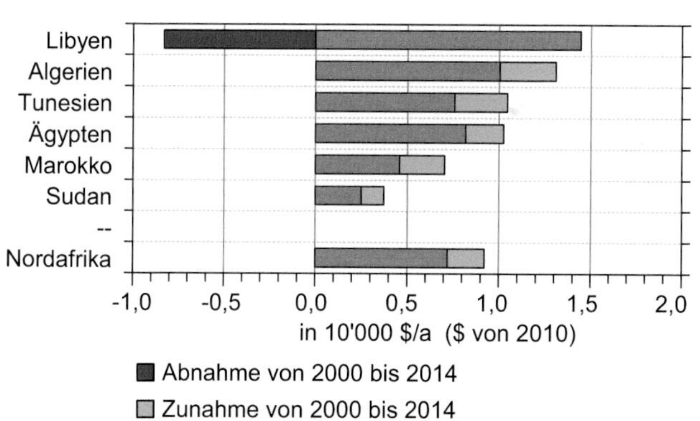

Abb. 1.2 BIP (KKP) pro Kopf der Länder Nord-Afrikas und Änderungen seit 2000

bevölkerungsreichsten Länder Nordafrikas die zugleich wirtschaftlich recht entwickelt sind, nämlich **Ägypten** uns **Algerien,** werden im Kap. 3 bezüglich Energieflüsse und Elektrizitätsproduktion und -verbrauch näher betrachtet.

In **Südafrika** beträgt das BIP (KKP) pro Kopf 12.100 $/a, liegt somit wesentlich über dem Kontinent-Durchschnitt und etwas über jenem Nord-Afrikas. Seit 2000 hat es sich um 2100 $/a erhöht. Die **Republik Südafrika** ist als einziges Land Afrikas **Mitglied der G-20-Gruppe.**

Die Verteilung des BIP/Kopf in **Rest-Afrika** zeigt Abb. 1.3. Durchschnittlich liegt es mit 2800 $/a deutlich unter dem Kontinent-Durchschnitt, wobei starke Unterschiede festzustellen sind. Nur drei Länder (Gabun, Botswana und Mauritius) überschreiten 14.000 $/a. Nur vier der übrigen Länder (Namibia, Angola, Kongo und Nigeria) liegen im Bereich 5000–10.000 $/a.

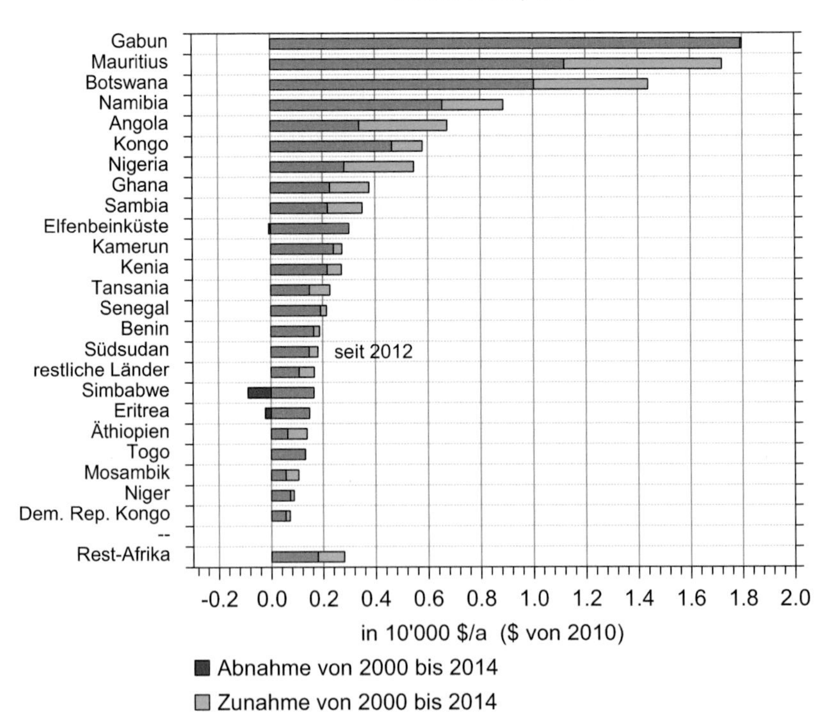

Abb. 1.3 BIP (KKP) pro Kopf der Länder Rest-Afrikas und Änderungen seit 2000. Länder ohne detaillierte statistische Daten werden als „restliche Länder" zusammengefasst

Die bevölkerungsreichsten Länder von Rest-Afrika sind **Nigeria** und **Äthiopien,** weshalb die wichtigsten energiewirtschaftlichen Daten dieser beiden Länder im Kap. 3 zusammen mit jenen von **Tansania** und **Kenia** dargestellt und kommentiert werden.

1.3 Bruttoenergie, Endenergie, Verluste des Energiesektors und entsprechende CO_2-Emissionen

Die **Endenergie** setzt sich zusammen aus Wärmebedarf (aus Brennstoffen, ohne Elektrizität und Fernwärme), Treibstoffen, Elektrizität (alle Anwendungen) und Fernwärme (Abb. 1.4).

Die **Bruttoenergie** ist die Summe von Endenergie und alle im **Energiesektor** entstehenden Verluste. Der Energiesektor dient der Umwandlung von Bruttoenergie in Endenergie, wobei in der Regel die Elektrizitätserzeugung die Hauptrolle spielt. Die **Energiestruktur** ist in den drei Regionen stark unterschiedlich wie Abb. 1.4 veranschaulicht. In **Rest-Afrika** ist sie durch einen sehr hohen Anteil an Biomasse für die Wärmeanwendungen gekennzeichnet, der mehr als 80 % der Endenergie ausmacht. **Nord-Afrika** ist stark auf Erdöl und Erdgas ausgerichtet, während **Südafrika** einen sehr hohen Kohleanteil aufweist.

Ebenso große Unterschiede sind im **Energiesektor** festzustellen: hohe Erdgas-Anteile in Nord-Afrika und fast ausschließlich Kohle in Südafrika. Im restlichen Afrika ist der **Elektrifizierungsgrad** noch gering, wesentlichste Energiequelle ist die Biomasse. Die **Verluste des Energiesektors** betragen in % der eingesetzten Bruttoenergie: in Nord-Afrika 34 %, in Südafrika 51 %, in Rest-Afrika 19 %, letzteres dank dem hohen Anteil Hydroelektrizität und Biomassenutzung.

Die **Elektrizitätsproduktion** der drei Regionen ist in Abb. 1.5 veranschaulicht.

Die erneuerbaren Energien (Wasserkraft, Windenergie, Fotovoltaik, Biomasse, Abfälle, Geothermie) bzw. die CO_2-armen Energien (erneuerbare Energien + Kernenergie) tragen zur Elektrizitätsproduktion gemäß Tab. 1.1 bei. Die Tabelle gibt auch den Elektrifizierungsgrad der drei Regionen (der Elektrizitätsanteil der Endenergie ist ein guter Index der allgemeinen Entwicklung).

Die prozentualen Anteile der drei Regionen an Bevölkerung, BIP und Bruttoinlandverbrauch zeigt Tab. 1.2.

Aus der Energiestruktur ergeben sich die in Abb. 1.6 dargestellten **CO_2-Emissionen** in 2014:

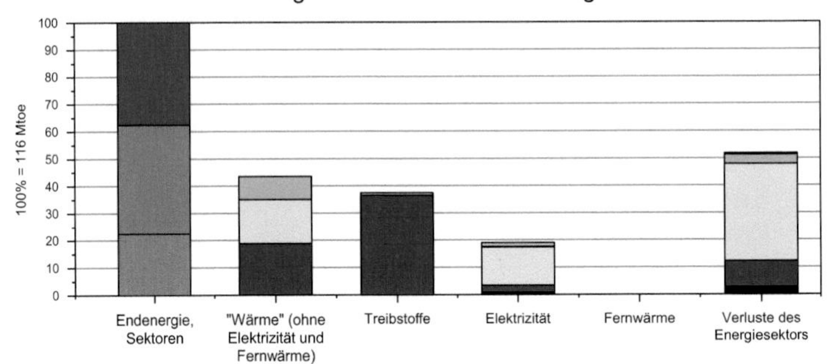

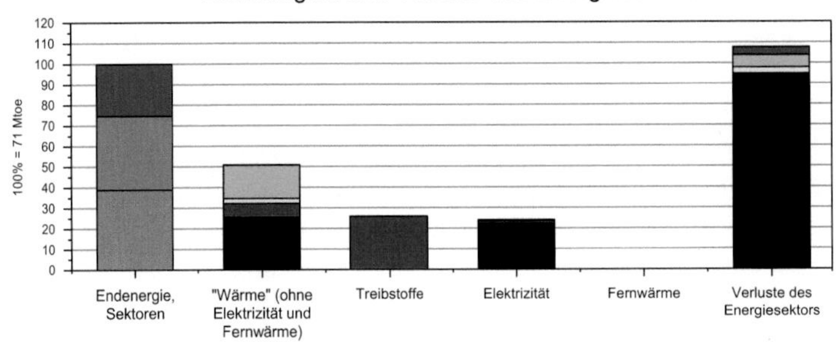

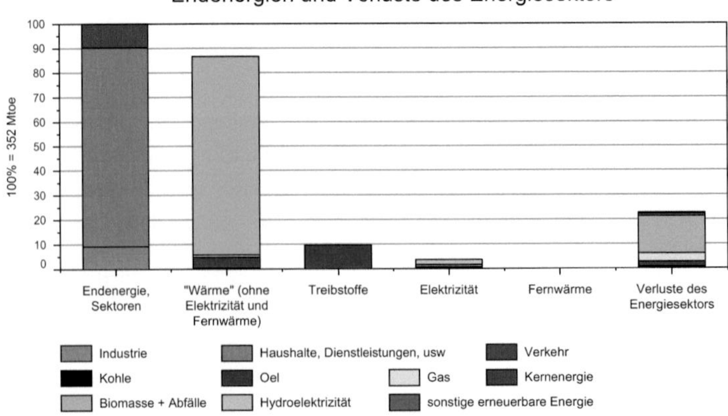

Abb. 1.4 Bruttoenergie = Endenergie + Verluste des Energiesektors, der drei Regionen Afrikas in 2014. Die Endenergie umfasst Wärme, Treibstoffe und Elektrizität

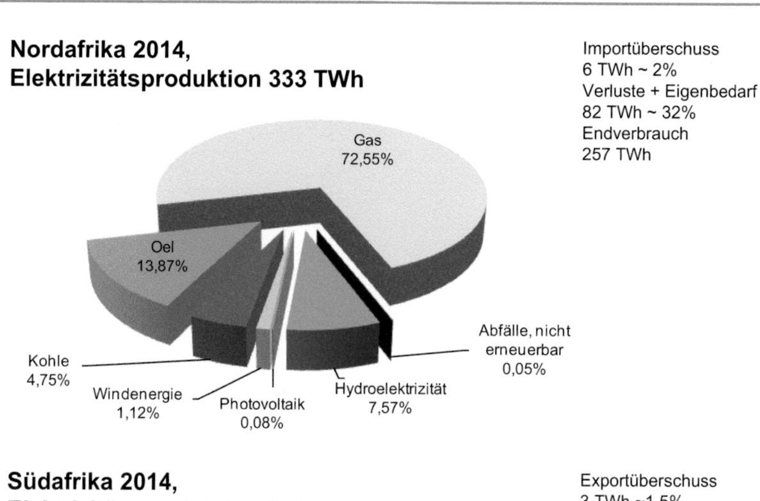

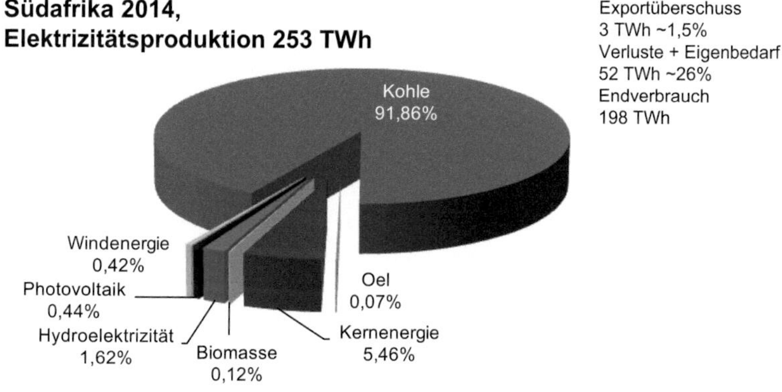

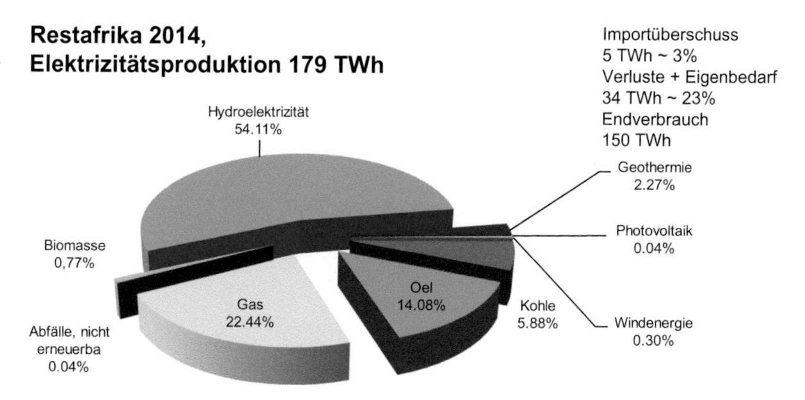

Abb. 1.5 Elektrizitätsproduktion in 2014 der drei Regionen Afrikas und entsprechende Energieträgeranteile

Tab. 1.1 Anteile erneuerbarer und CO_2-arme Energien sowie Elektrifizierungsgrad in 2014

	Erneuerbar (%)	CO_2-arm (%)	Elektrifizierung (%)
Nord-Afrika	9	9	19
Südafrika	3	8	24
Restliches Afrika	57	57	4

Tab. 1.2 Anteile an Bevölkerung, BIP und Bruttoenergiebedarf des Kontinents

	Bevölkerung (%)	BIP (KKP) (%)	Bruttoenergiebedarf (%)
Nord-Afrika	19	39	24
Südafrika	5	13	19
Restliches Afrika	76	48	57

Gesamtwert **in Megatonnen (Mt),** Gesamtwert in **Gramm pro $ BIP KKP** sowie Gesamtwert und detaillierte Verteilung in **Tonnen/Kopf** für die Verbrauchssektoren. In der Industrie und im Haushalt-/Dienstleitungs-/Landwirtschaftssektor sind die Emissionen durch den Elektrizitäts- und Wärmebedarf aus fossilen Energien bestimmt, im Verkehrsbereich durch die fossilen Treibstoffe.

Die Emissionen, die durch die Verluste im Energiesektor entstehen, sind in erster Linie der Elektrizitätsproduktion zuzuschreiben. In **Südafrika** ist der Kohleanteil viel zu stark und die Emissionen mit 669 g CO_2/$ extrem hoch. In **Rest-Afrika** sind die CO_2-Emissionen mit 94 g CO_2/$ wegen Unterentwicklung vorerst noch gering, dies aber auch dank dem hohen Beitrag der Wasserkraft an der Elektrizitätserzeugung, der möglichst erhalten und durch andere erneuerbare Energien unterstützt werden sollte.

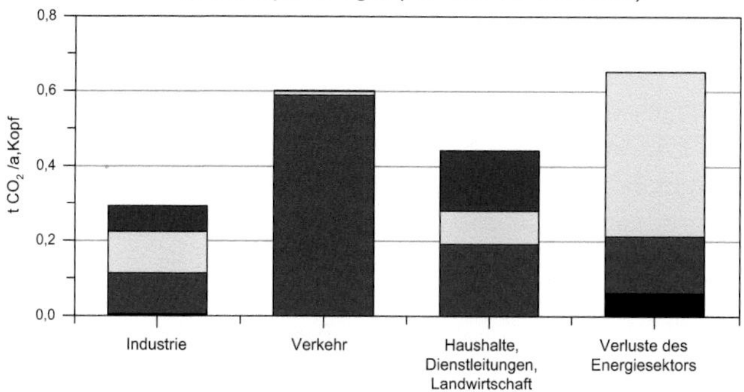

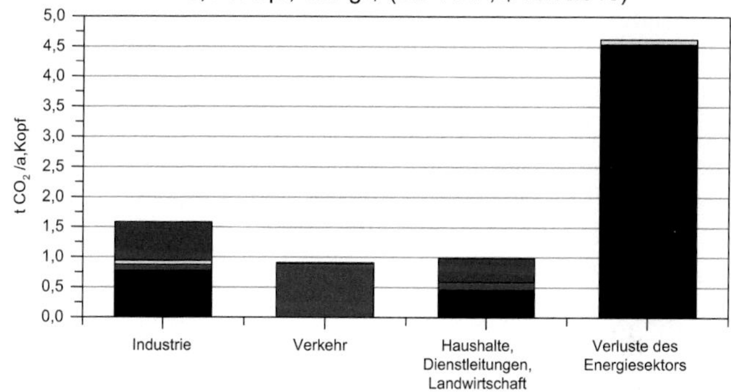

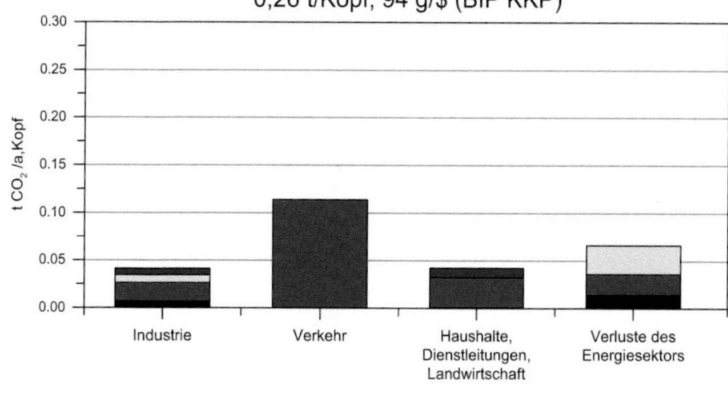

Abb. 1.6 CO_2-Ausstoß der drei Regionen nach Verbrauchssektor und Energieträger

1.4 Energieflüsse im Jahr 2014

1.4.1 Energiefluss im Energiesektor

Die Abbildungen (z. B. Abb. 1.7) beschreiben den Energiefluss im Energiesektor von der Primärenergie über die Bruttoenergie (oder Bruttoinlandverbrauch) zur Endenergie. Primärenergie und Bruttoenergie werden durch die verwendeten **Energieträger** veranschaulicht. Alle Energien werden in Mtoe angegeben (1Mtoe ~ 11,6 TWh).

Die **Primärenergie** ist die Summe aus einheimischer Produktion und, für Regionen, Netto-Importe abzüglich Netto-Exporte von Energieträgern (für Länder effektive Importe/Exporte statt nur Netto-Importe/Exporte pro Energieträger).

Die **Bruttoenergie** ergibt sich aus der Primärenergie nach Abzug des nichtenergetischen Bedarfs (z. B. für die chemische Industrie) und eventueller Lagerveränderungen. Abgezogen werden die für die internationale Schiff- und Luftfahrt-Bunker benötigten Energiemengen. Die entsprechenden CO_2-Emissionen werden nur weltweit erfasst.

Es ist die Aufgabe des **Energiesektors,** den Verbrauchern Energie in Form von **Endenergie** zur Verfügung zu stellen. Wir unterscheiden in diesem Diagramm vier Formen von Endenergie: **Elektrizität, Fernwärme, Treibstoffe** und **„Wärme“.** Letztere besteht hauptsächlich aus nichtelektrischer Heizungs- und Prozesswärme (aus fossilen oder erneuerbaren Energien) und ohne Fernwärme. Stationäre Arbeit nichtelektrischen Ursprungs kann ebenfalls enthalten sein (z. B. stationäre Gas- Benzin- oder Dieselmotoren sowie Pumpen); zumindest in Industrieländern ist dieser Anteil jedoch minim. Mit der Umwandlung von Bruttoenergie in Endenergie sind Verluste verbunden, die wir gesamthaft als **Verluste des Energiesektors** bezeichnen.

Diese Verluste setzen sich zusammen aus den **thermischen Verlusten** in Kraftwerken (thermodynamisch bedingt) sowie in Wärme-Kraft-Kopplungsanlagen und in Heizwerken, ferner aus den **elektrischen Verlusten** im Transport- und Verteilungsnetz, einschließlich elektrischer Eigenbedarf des Energiesektors und schließlich aus den **Restverlusten** des Energiesektors (in Raffinerien, Verflüssigungs- und Vergasungsanlagen, durch Wärmeübertragung, Wärme-Eigenbedarf usw.).

Das Schema zeigt ferner die mit den Verlusten des Energiesektors und dem Verbrauch der Endenergien verbundenen, also vom Bruttoinlandverbrauch verursachten **CO_2-Emissionen in Mt**. Der größte Teil der Verluste des Energiesektors ist in der Regel mit der Elektrizitäts- und Fernwärmeproduktion gekoppelt, weshalb die CO_2-Emissionen dieser drei Faktoren zusammengefasst werden. Eine Trennung kann mit Hilfe der nachfolgenden Diagramme oder auch von Abb. 1.6 vorgenommen werden.

1.4.2 Energiefluss der Endenergie zu den Endverbrauchern

Die Abbildungen (z. B. Abb. 1.8) zeigen, wie sich die vier Endenergiearten auf die drei Endverbraucherkategorien verteilen. Ebenso werden die CO_2-Emissionen diesen Verbrauchergruppen zugeordnet.

Die Endverbraucher sind (gemäß IEA-Statistik)

- Industrie
- Haushalt, Dienstleistungen, Landwirtschaft etc.
- Verkehr

Zur Bildung der Gesamt-Emissionen werden noch die CO_2-Emissionen der im Energiesektor entstehenden Verluste hinzugefügt.

1.4.3 Nord-Afrika

Der Energiefluss im Energiesektor und jener der Endenergie zu den Endverbrauchern sind für Nord-Afrika in den Abb. 1.7 und 1.8 dargestellt. Die den Endenergien bzw. den Verbrauchssektoren zugeordneten CO_2-Emissionen sind ebenfalls veranschaulicht. Nord-Afrika ist ein starker Produzent und Exporteur von Öl und Erdgas. Für Ägypten und Algerien s. Kap. 3.

1.4.4 Südafrika

Die entsprechenden Flussdiagramme für Südafrika sind in den Abb. 1.9 und 1.10 dargestellt. Die Energiewirtschaft Südafrikas beruht fast ausschließlich auf Kohle. Dementsprechend sind die CO_2-Emissionen des Energiesektors extrem hoch. Die mangelnde Effizienz führt auch zu sehr hohen Verlusten, besonders im Energiesektor.

1.4.5 Restliches Afrika

Der Energiefluss des restlichen Afrikas (Abb. 1.11 und 1.12) ist charakteristisch für Unterentwicklung und beruht fast ausschließlich auf Biomasse zur Produktion von

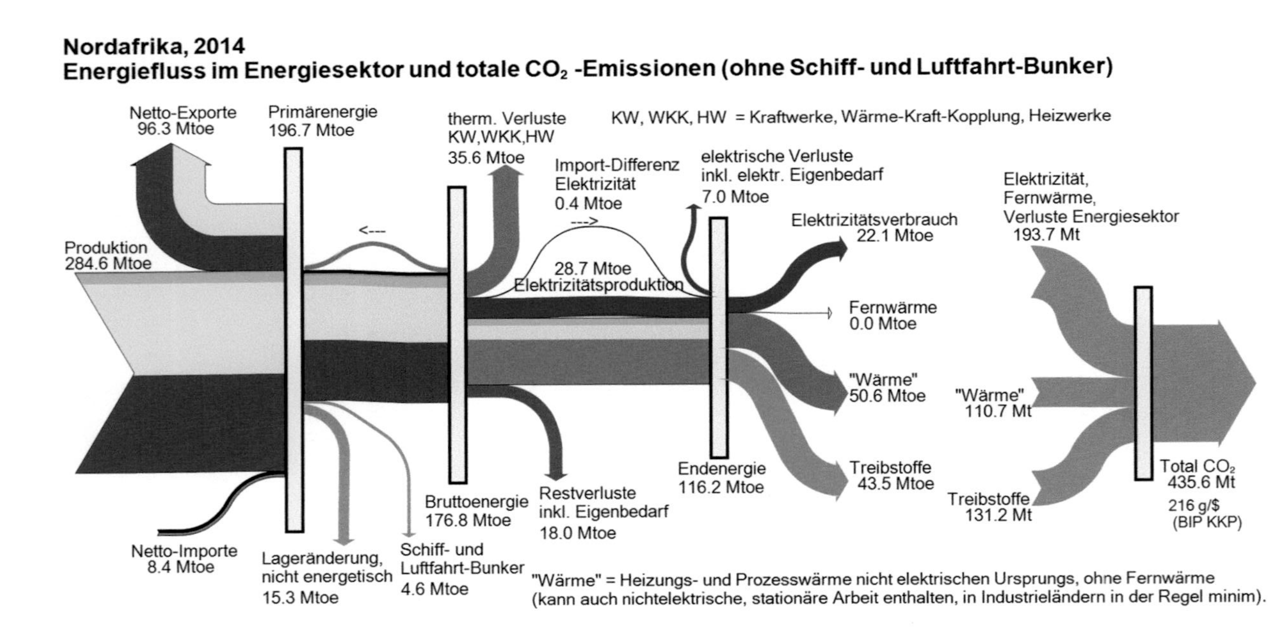

Abb. 1.7 Nord-Afrika: Energiefluss im Energiesektor von der Primärenergie zur Endenergie und CO_2-Ausstoß. Die Energieträgerfarben sind wie in Abb. 1.4 und 1.6 (wobei Erdöl dunkelbraun, Erdölprodukte hellbraun)

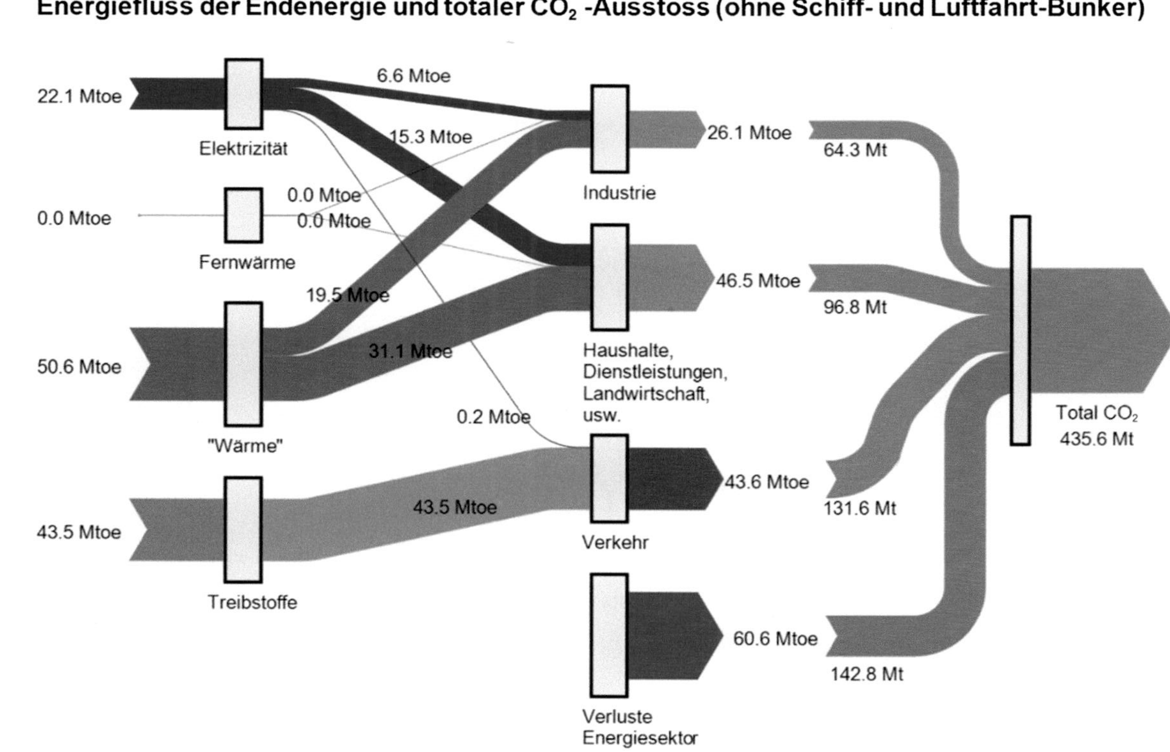

Abb. 1.8 Nord-Afrika: Energiefluss der Endenergie zu den Endverbrauchern und zugeordnete CO_2-Emissionen

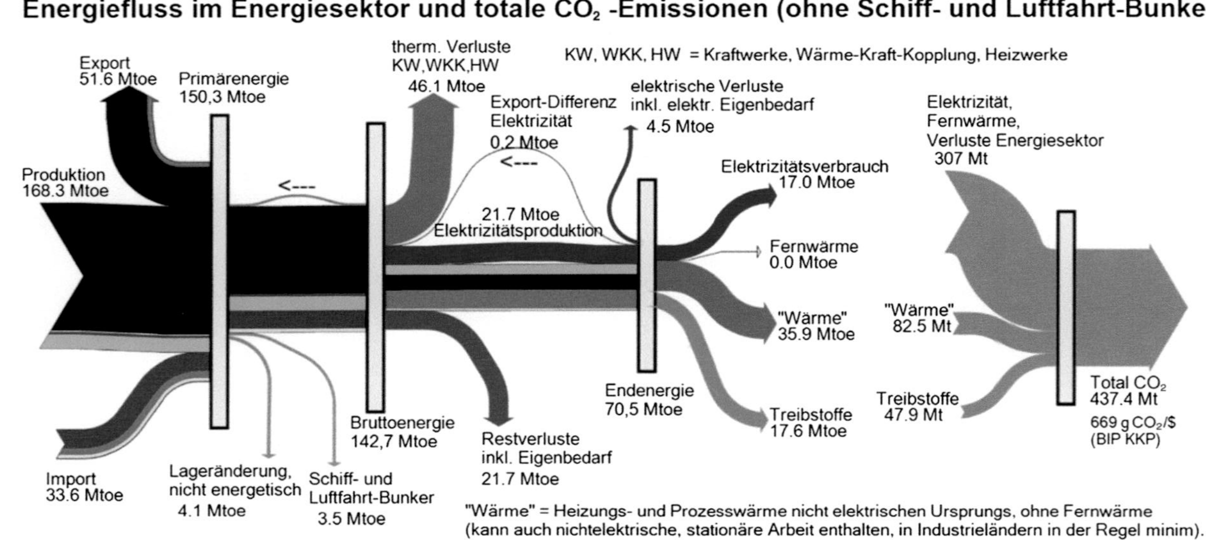

Abb. 1.9 Südafrika: Energiefluss im Energiesektor von der Primärenergie zur Endenergie und CO_2-Ausstoß. Die Energieträgerfarben sind wie in Abb. 1.4 und 1.6 (Erdöl dunkelbraun, Erdölprodukte hellbraun)

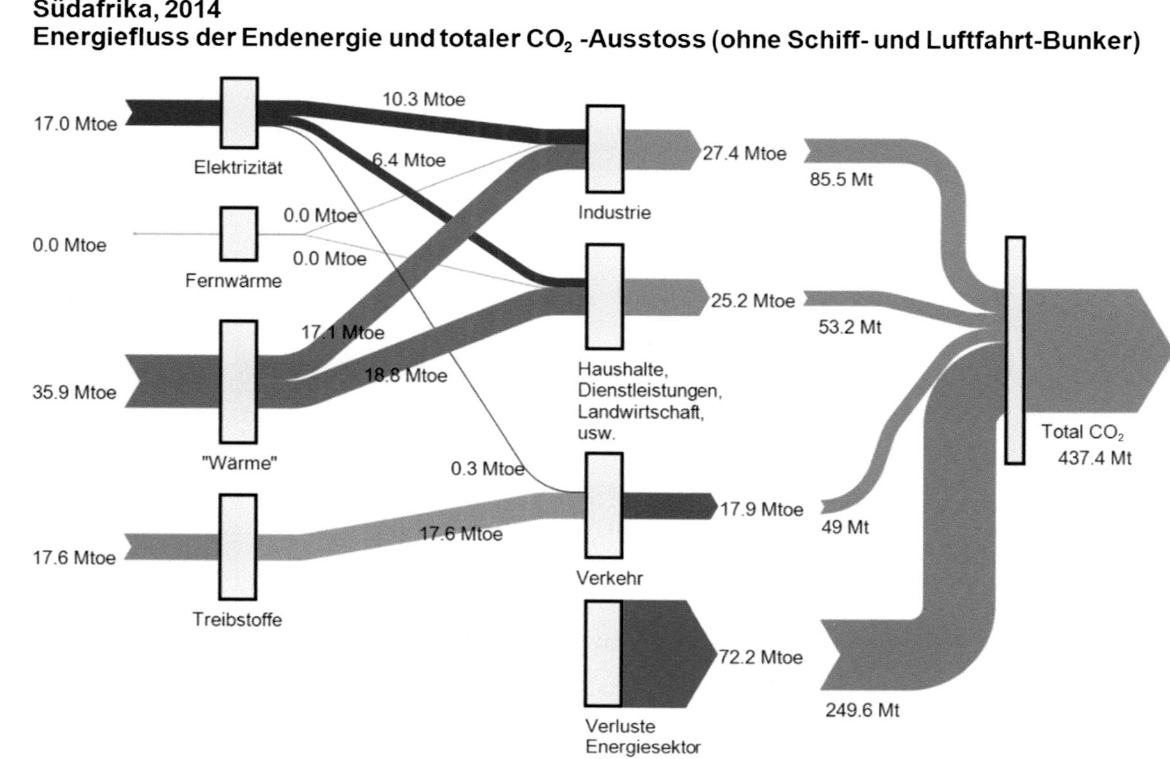

Abb. 1.10 Südafrika: Energiefluss der Endenergie zu den Endverbrauchern und zugeordnete CO_2-Emissionen

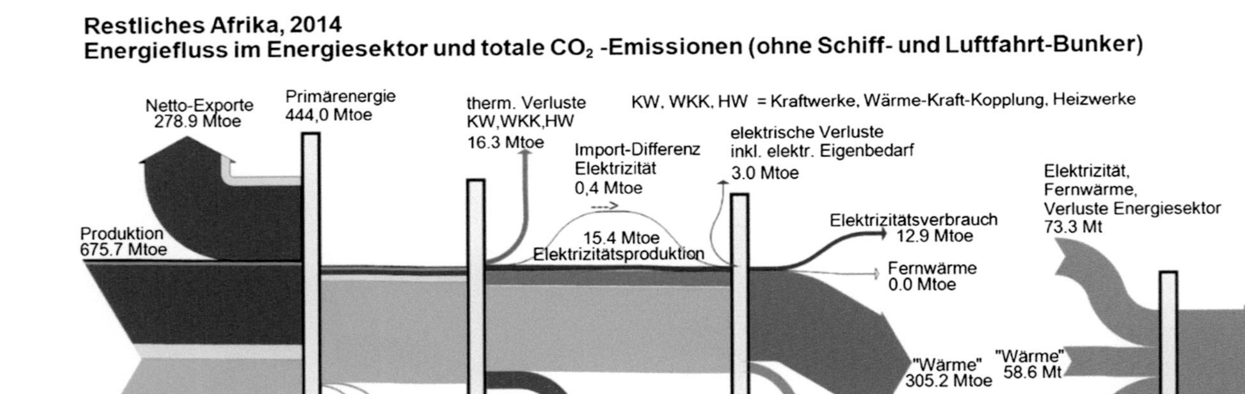

Abb. 1.11 Rest-Afrika: Energiefluss im Energiesektor von der Primärenergie zur Endenergie und CO_2-Ausstoß. Die Energieträgerfarben sind wie in Abb. 1.4 und 1.6 (Erdöl dunkelbraun, Erdölprodukte hellbraun)

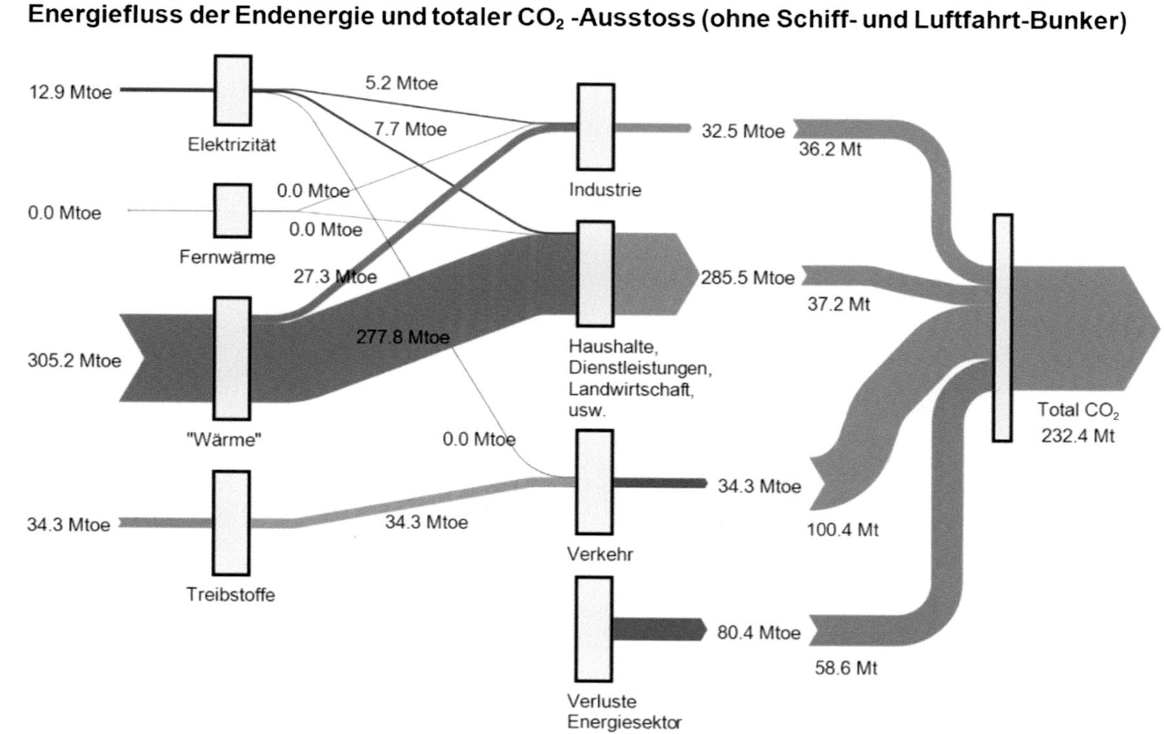

Abb. 1.12 Rest-Afrika: Energiefluss der Endenergie zu den Endverbrauchern und zugeordnete CO_2-Emissionen

Wärme. Die Erdölproduktion dient hauptsächlich dem Export. Die meisten CO_2-Emissionen stammen aus dem eher ineffizienten Verkehrssektor. Die Energieflüsse einiger Länder von Rest-Afrika sind im Kap. 3 gegeben und kommentiert.

1.4.6 Afrika insgesamt

Die Abb. 1.13 und 1.14 erhält man durch Aufsummierung der Flüsse der drei Regionen. Für den Wärmebereich sind Biomasse und Erdöl/Erdgas vorherrschend, zur Elektrizitätserzeugung, vor allem in Südafrika, die Kohle.

Die Tab. 1.3 vergleicht die Indikatoren der drei Regionen.

kWh/$ = Energieintensität

g CO_2/kWh = CO_2-Intensität der Energie

g CO_2/$ = Maßstab für die Nachhaltigkeit der Wirtschaft bezüglich CO_2-Emissionen (kurz: Indikator der CO_2-Nachhaltigkeit)

(Vergleichswerte: Westeuropa 167 g CO_2/$, USA 323 g CO_2/$).

Die Werte der bevölkerungsreichsten Länder Afrikas sind in Tab. 1.4 verglichen. Südafrika weist ein Extremwert auf (>600 g CO_2/$!) wegen der dominierenden Kohlewirtschaft (s. auch Abb. 1.9).

Tab. 1.3 Vergleich der Indikatoren in 2014 ($ von 2010)

	Nord-Afrika	Südafrika	Rest-Afrika	Afrika insgesamt
kWh/$	1,02	2,54	2,03	1,70
g CO_2/kWh	212	263	46	126
g CO_2/$	216	669	94	214
BIP (KKP) $ pro Kopf,a	9200	12.100	2800	4500
t CO_2/Kopf,a	2,0	8,1	0,3	1,0

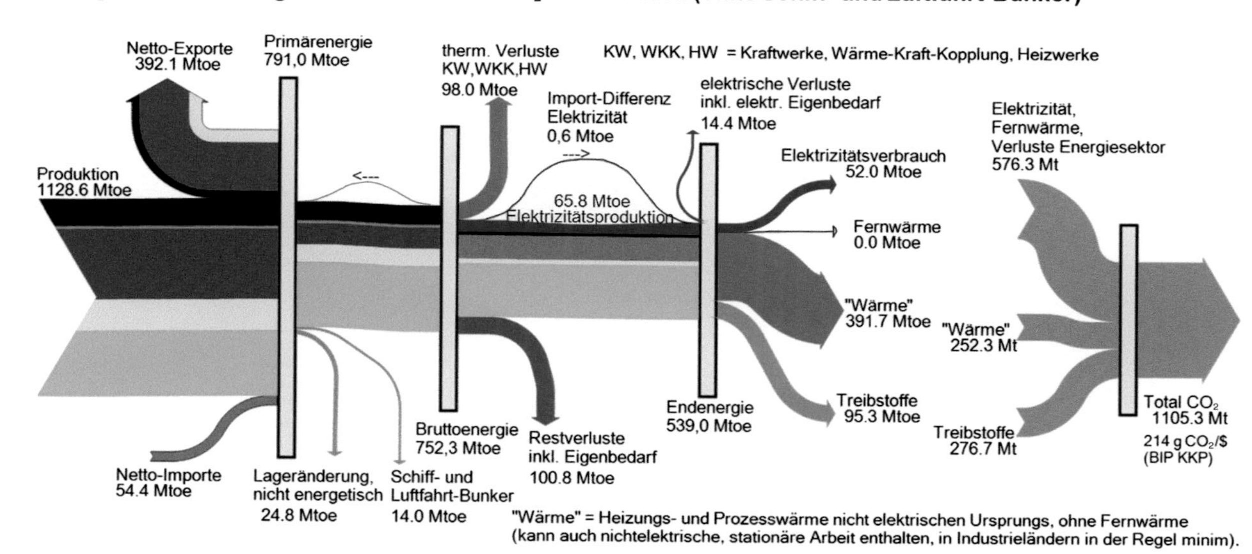

Abb. 1.13 Afrika: Energiefluss im Energiesektor von der Primärenergie zur Endenergie und CO_2-Ausstoß. Die Energieträgerfarben sind wie in Abb. 1.4 und 1.6 (Erdöl dunkelbraun, Erdölprodukte hellbraun)

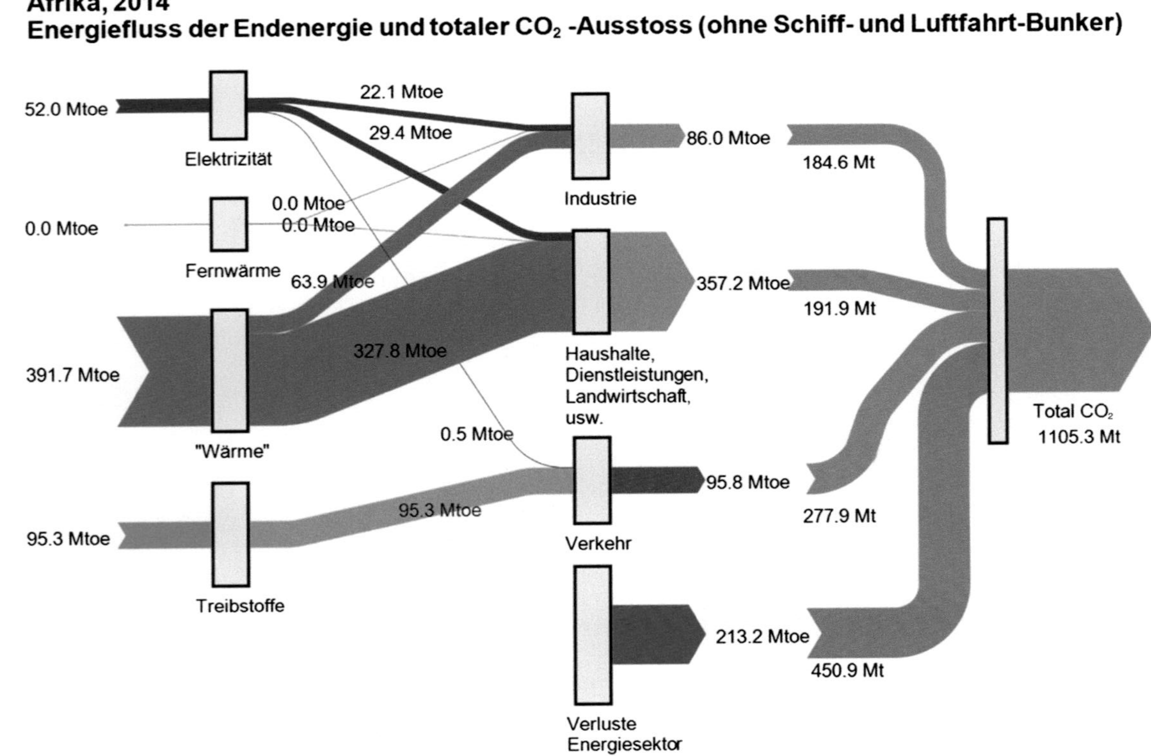

Abb. 1.14 Afrika: Energiefluss der Endenergie zu den Endverbrauchern und zugeordnete CO_2-Emissionen

Tab. 1.4 Prozentualer Anteil der **erneuerbaren** und **CO_2-armen Elektrizitätsproduktion,** im Jahr 2014, in den bevölkerungsreichsten Ländern Afrikas (>35 Mio.), sowie **Indikator der CO_2-Nachhaltigkeit** in **g CO_2/$-**

	Erneuerbare Energien (%)	CO_2-arme Energien (%)	g CO_2/$ (BIP KKP)
Nigeria	18	18	62
Äthiopien	100	100	68
Ägypten	9	9	189
Dem. Rep. Kongo	100	100	87
Südafrika	3	8	669
Tansania	42	42	88
Kenia	81	81	101
Sudan	78	78	95
Algerien	0,4	0,4	241

CO_2-arme Energien = erneuerbare Energien + Kernenergie

1.5 Energieintensität

Die mittlere Brutto-Energieintensität Afrikas von 1,7 kWh/$ in 2014 liegt über dem Weltdurchschnitt. Angesichts des Entwicklungsrückstandes würde eine leichte Reduktion auf etwa 1,5 bis 1,6 kWh/$ bis 2030, was etwa dem heutigen Weltdurchschnitt entspricht, den Klimaschutzzielen gerecht werden. Die drei Regionen weisen aber eine stark unterschiedliche Ausgangssituation auf.

Abb. 1.15 zeigt die Energieintensität der Länder Nord-Afrikas und der Republik Südafrika. Das Öl- und Gas-reiche **Nord-Afrika,** mit einem Durchschnittswert von rund 1 kWh/$ in 2014 sollte den erwähnten Zielwert von 1,5 kWh/$ sogar unterschreiten können, eine Beruhigung der politischen Lage in Libyen vorausgesetzt.

Südafrika weist trotz leichten Fortschritten eine hohe Energieintensität von 2,5 kWh/$ auf. Das Klimaschutzziel kann nur mit stärkeren Anstrengungen erreicht werden vor allem im Elektrizitätssektor, der sehr ineffizient ist (Verluste des Energiesektors deutlich höher als die gesamte Endenergie, s. Abb. 1.6).

Die Energieintensität **Rest-Afrikas** ist in Abb. 1.16 dargestellt. Der Durchschnitt deutlich über 2 kWh/$ weist auf eine wenig effiziente Energiewirtschaft

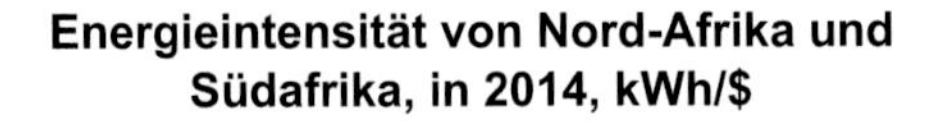

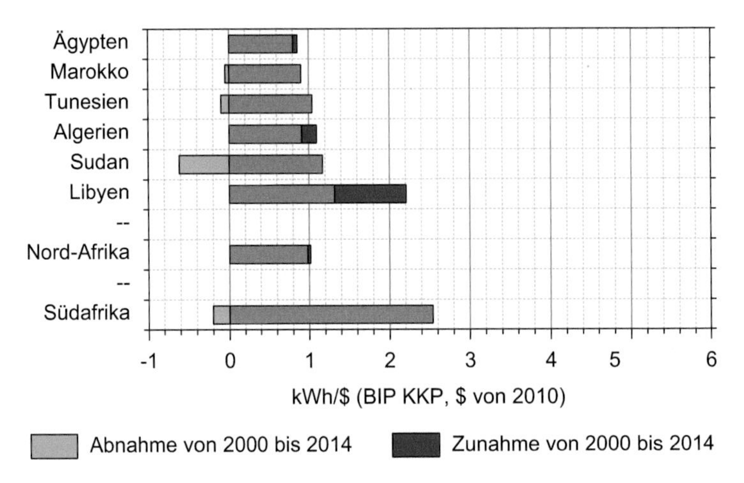

Abb. 1.15 Energieintensität der Länder Nordafrikas sowie von Südafrika

hin, die aber z. T. mit dem hohen Verbrauch von Biomasse (Abb. 1.11) zu erklären ist. Seit 2000 ist insgesamt eine leichte Abnahme festzustellen. Die starke Zunahme in Simbabwe seit 2000 ist in erster Linie eine Folge des Einbruchs seines Bruttoinlandproduktes.

Länder mit relativ hohem BIP/Kopf, wie Mauritius, Botswana und Namibia (Abb. 1.3) weisen gute Energieintensitäten unter 1 kWh/$. Negative Ausnahme ist Gabun. Erfreulich sind die Fortschritte in gewichtigen Ländern wie Nigeria aber auch Ghana, Kenia und Tansania sowie in Ländern mit extrem hoher Energieintensität von über 4 kWh/$ (Äthiopien und Mosambik).

Hohe Energieintensität, d. h. mangelnde Effizienz, ist meistens ein Zeichen von Unterentwicklung wie die in Abb. 1.17 dargestellte Statistik für **Gesamt-Afrika** zeigt (mit Ausnahmen wie Libyen und Südafrika, s. dazu auch Abb. 1.15).

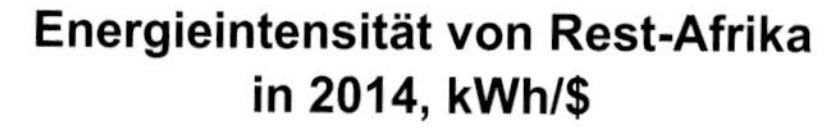

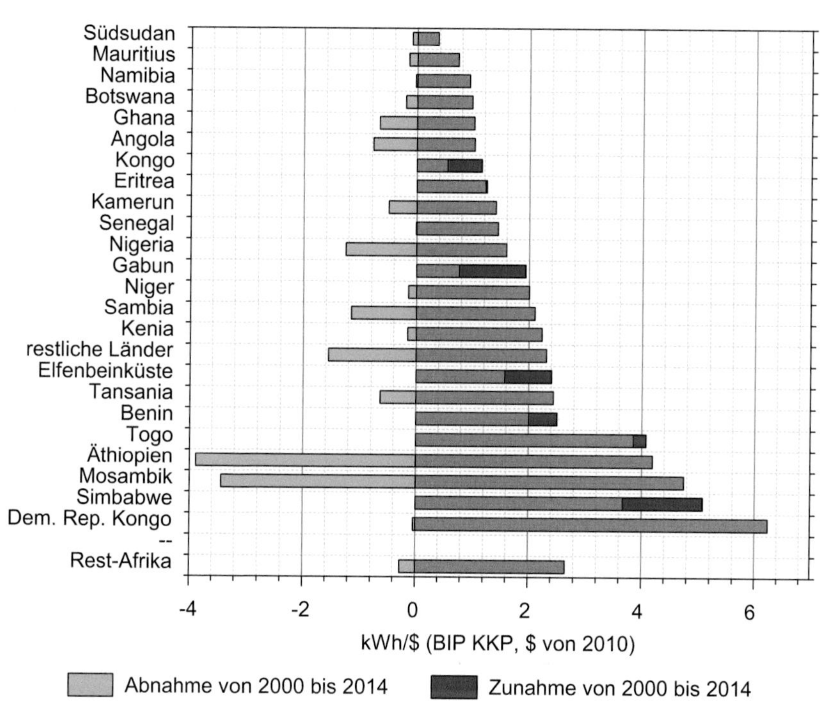

Abb. 1.16 Energieintensität der Länder von Rest-Afrika in 2014

1.6 CO_2-Intensität der Energie

Die CO_2-Intensität Afrikas liegt in 2014 mit 126 g CO_2/kWh weit unter dem Weltdurchschnitt von rund 340 g CO_2/kWh. Anders als bei der Energieintensität ist bei Unterentwicklung ein niedriger Wert der CO_2-Intensität der Energie zu erwarten (Abb. 1.18), was weitgehend mit einer stark auf Biomasse ausgerichteten Energiewirtschaft zusammenhängt.

Zunehmende Entwicklung führt zunächst zum vermehrten Verbrauch fossiler Brennstoffe und somit zu einer Erhöhung der CO_2-Intensität der Energie. Dies zeigt sich in **Nord-Afrika** und in **Südafrika,** wo diese CO_2-Intensität bereits zwischen 200 und 260 g CO_2/kWh liegt (Abb. 1.19). Im Hinblick auf den Klimaschutz wäre es angebracht zu versuchen, diesen Indikator bis 2030 auf etwa 200 g CO_2/kWh zu

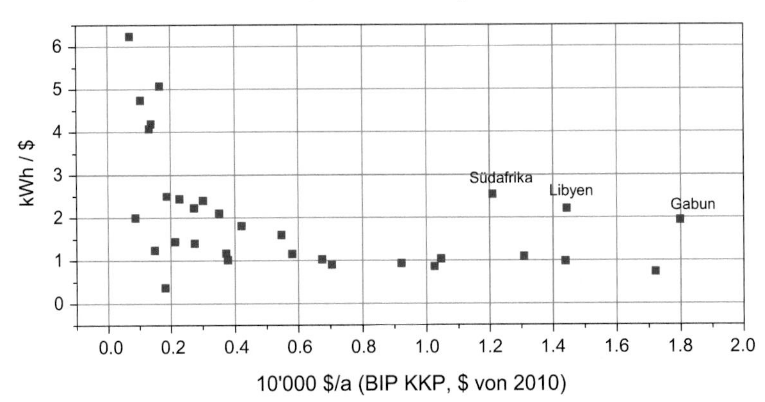

Abb. 1.17 Energieintensität der Länder Afrikas in Abhängigkeit vom BIP KKP pro Kopf

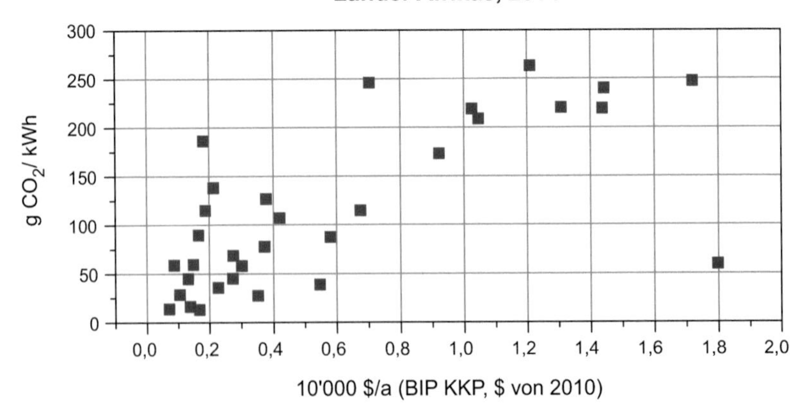

Abb. 1.18 CO_2-Intensität der Energie der Länder Afrikas in Abhängigkeit vom BIP KKP pro Kopf

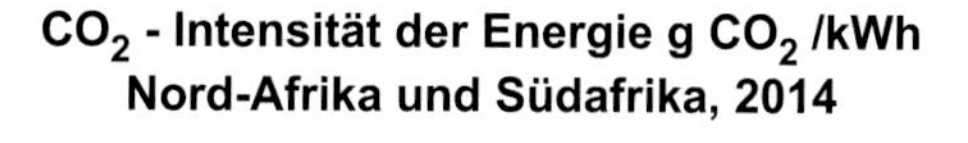

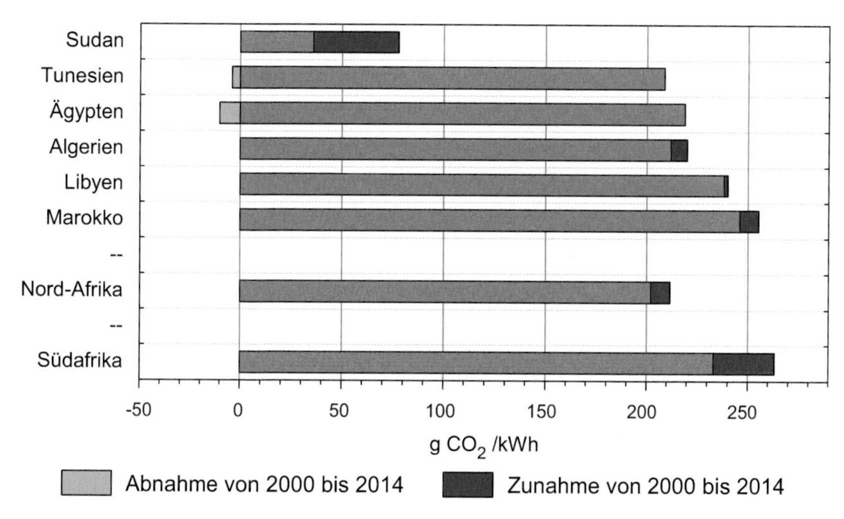

Abb. 1.19 CO_2-Intensität der Energie der Länder Nord-Afrikas sowie von Südafrika

stabilisieren. Zurzeit ist die Tendenz noch steigend, doch durch stärkere Gewichtung erneuerbarer Energien bei der Elektrizitätsproduktion (Wasser, Wind und Sonne) sollte dies in Nordafrika möglich sein. In Südafrika ist zusätzlich ein Umstieg von Kohle auf Gas und/oder CCS notwendig.

In **Rest-Afrika** ist die CO_2-Intensität der Energie extrem unterschiedlich (Abb. 1.20). Außer von der Verfügbarkeit fossiler Ressourcen und von Wasserkraft wird sie vom Stand der Entwicklung (Abb. 1.3 und 1.18) und von der lokalen Politik bezüglich erneuerbaren Energien bestimmt.

In 2014 betrug sie im Mittel nur 46 g CO_2/kWh und lag somit stark unter dem Kontinent-Durchschnitt, was dem hohen Biomasse-Anteil in diesem Teil Afrikas zu verdanken ist (s. die Abb. 1.4 und 1.11). Sie hat aber zunehmende Tendenz, was statistisch mit Abb. 1.18 übereinstimmt.

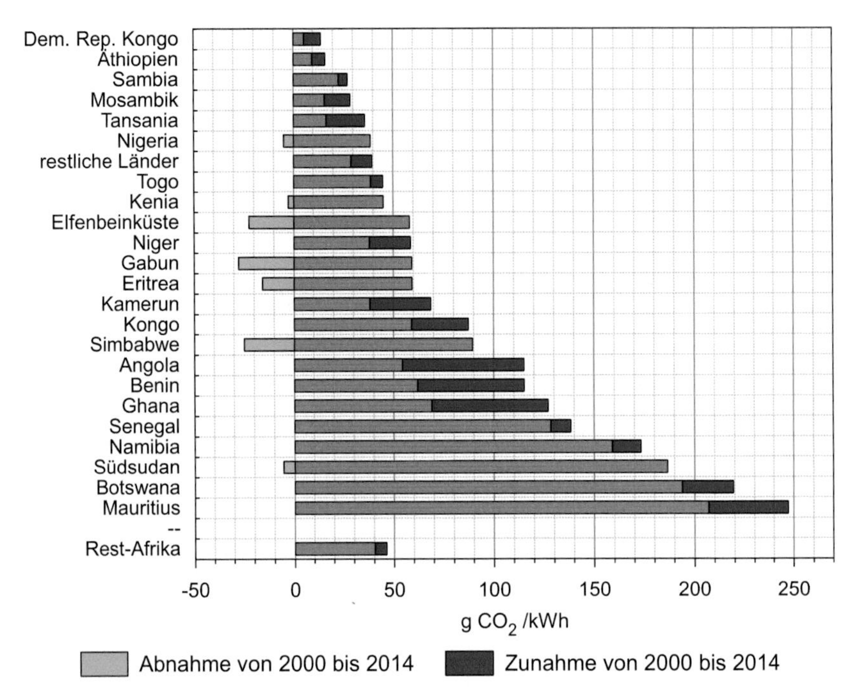

Abb. 1.20 CO_2-Intensität der Energie der Länder von Rest-Afrika und Fortschritte bzw. Rückschritte seit 2000

1.7 Indikator der CO_2-Nachhaltigkeit

Die Nachhaltigkeit der Energieversorgung bezüglich CO_2-Ausstoß wird durch das Produkt von Energieintensität und CO_2-Intensität der Energie bestimmt und somit durch den **Indikator g CO_2/$**. In 2014 ist der Durchschnittswert Afrikas mit 214 g CO_2/$ (BIP KKP, $ von 2010) noch deutlich niedriger als der Weltdurchschnitt von 340 g CO_2/$ [1, 2].

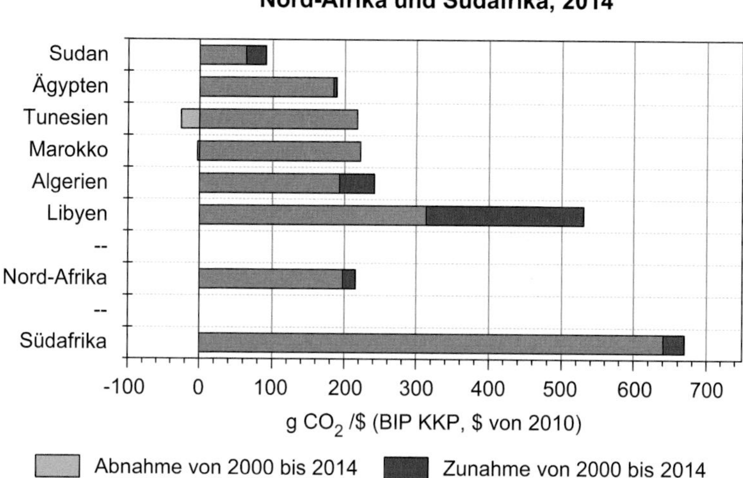

Abb. 1.21 Indikator der CO_2-Nachhaltigkeit der Länder Nord-Afrikas sowie von Südafrika in 2014 und Fortschritte bzw. Rückschritte seit 2000

Die Werte für die drei Regionen sind in Tab. 1.3 verglichen worden und unterscheiden sich sehr stark. Die Abb. 1.21 zeigt die Situation der einzelnen Länder **Nordafrikas** und sowie jene **Südafrikas.** Abb. 1.22 zeigt schließlich die Werte der Länder des **restlichen Afrikas**.

Der Indikator **Südafrikas** liegt weit über dem Weltdurchschnitt. Die Energiewirtschaft Südafrikas ist alles andere als nachhaltig und müsste, besonders was die Elektrizitätsversorgung betrifft, stark umgestaltet werden (s. dazu auch die Abb. 1.4, 1.5, 1.6 und 1.9 sowie Tab. 3.3). Eine entsprechende technische Beratung und finanzielle Unterstützung im Rahmen der G-20 wäre zur Einhaltung der Klimaschutzziele wünschbar und dringend.

Die Abb. 1.23 veranschaulicht den **statistischen Zusammenhang zwischen CO_2-Nachhaltigkeit und Bruttoinlandprodukt.** Schwach entwickelte Länder sind zwar mehrheitlich, dank Biomasse, bezüglich CO_2-Ausstoß unter 200 g CO_2/$

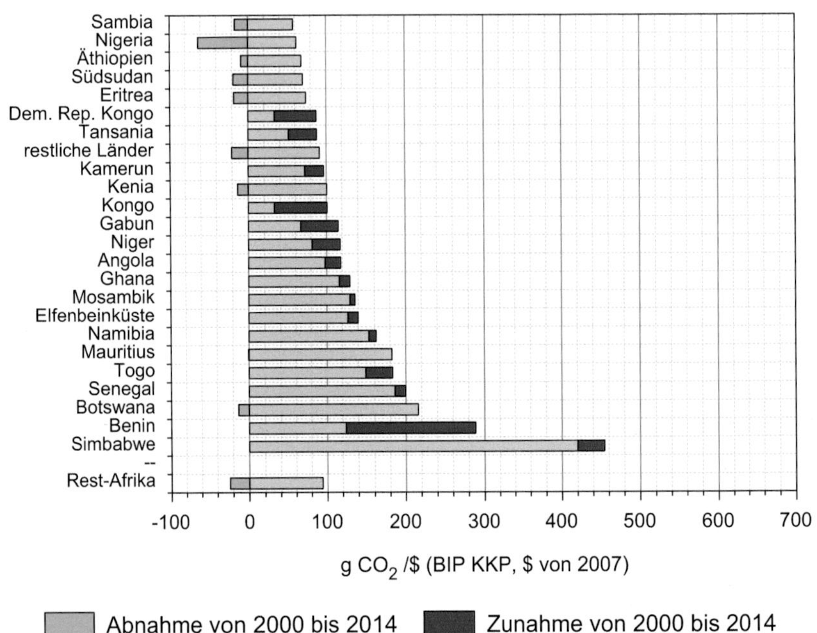

Abb. 1.22 Indikator der CO_2-Nachhaltigkeit der Länder Rest-Afrikas in 2014 und Fortschritte bzw. Rückschritte seit 2000

und somit vorerst noch relativ nachhaltig (mit Ausnahmen: Simbabwe und Benin). Aber wirtschaftliche Entwicklung führt nicht unbedingt zu schlechterer CO_2-Nachhaltigkeit, wie die Beispiele Gabun, Botswana und Mauritius zeigen.

Angesichts des großen demografischen Potenzials (mehr als ¾ der Bevölkerung Afrikas) ist **Rest-Afrika** entscheidend für die Einhaltung des 2-Grad-Ziels. Die Industrienationen, aber auch die Schwellenländer, sind deshalb gut beraten, die wirtschaftliche Entwicklung Rest-Afrikas in Richtung CO_2-Nachhaltigkeit zu fördern und finanziell zu unterstützen. Rest-Afrika könnte ein Vorzeige-Subkontinent bezüglich des Klimaschutzes werden.

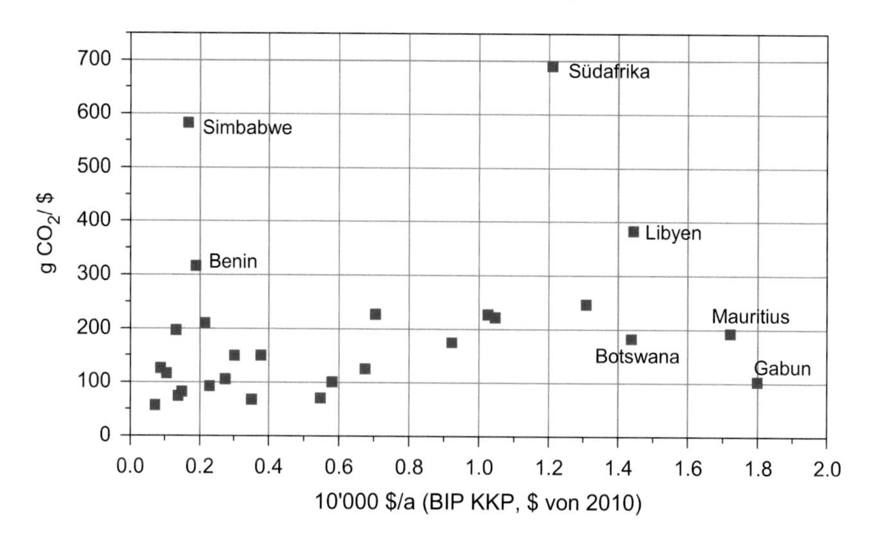

Abb. 1.23 CO_2-Nachhaltigkeit der Länder Afrikas in Abhängigkeit vom BIP KKP pro Kopf

Die Karte des Afrikanischen Kontinents zeigt Abb. 1.24. Nicht vernachlässigbarer Teil Rest-Afrikas sind die **restlichen Länder,** die in der IEA-Statistik nicht detailliert aufgeführt werden, aber gut 17 % der Bevölkerung Afrikas und etwa 23 % jener Rest-Afrikas ausmachen (Abb. 1.1 und Tab. 1.2). Dazu gehören folgende bevölkerungsreiche Länder mit mehr als 10 Mio. Einwohner: im Südosten: Uganda, Ruanda, Burundi, Malawi, Somalia und Madagascar, im Nordwesten: Mali, Burkina Faso und Guinea, in Zentralafrika: Tschad.

Abb. 1.24 Afrikanischer Kontinent. (Quelle: Dreamstime.com)

CO_2-Emissionen und Indikatoren bis 2014 und notwendiges Szenario zur Einhaltung des 2-Grad-Ziels

2

Die Abb. 2.1 zeigt die Anteile der Weltregionen an den weltweiten, für den Klimawandel ausschlaggebenden, **kumulierten Emissionen von 1971 bis 2014.** Die stark industrialisierten Länder sind eindeutig die Hauptverursacher des Klimawandels, wie die Abb. 2.2 noch etwas detaillierter zeigt. Zu den 262 Gt kumulierte Emissionen von 1971 bis 2014 kommen noch etwa 100 Gt Kohlenstoff von 1870 bis 1971 hinzu, letztere in erster Linie von Europa und USA verursacht. Seit Beginn der Industrialisierung sind also **362 Gt C** an die Atmosphäre abgegeben worden. Für das 2-Grad-Ziel sind bis 2100 maximal 800 Gt C zulässig, für das 1,5-Grad-Ziel nur 550 Gt C [2].

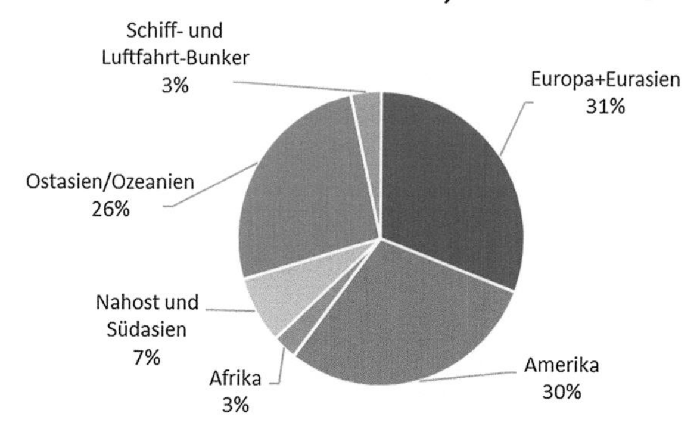

Abb. 2.1 Prozent-Anteile der kumulierten CO_2-Emissionen von 1971 bis 2014. Gt = Gigatonnen

V. Crastan, *Klimawirksame Kennzahlen für Afrika*, essentials,
https://doi.org/10.1007/978-3-658-20496-9_2

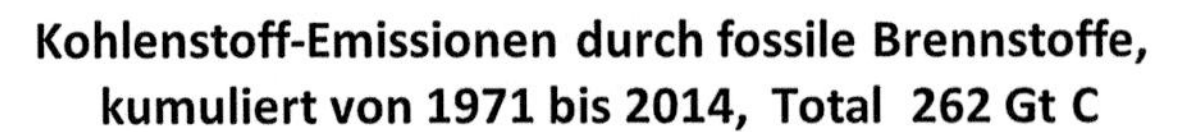

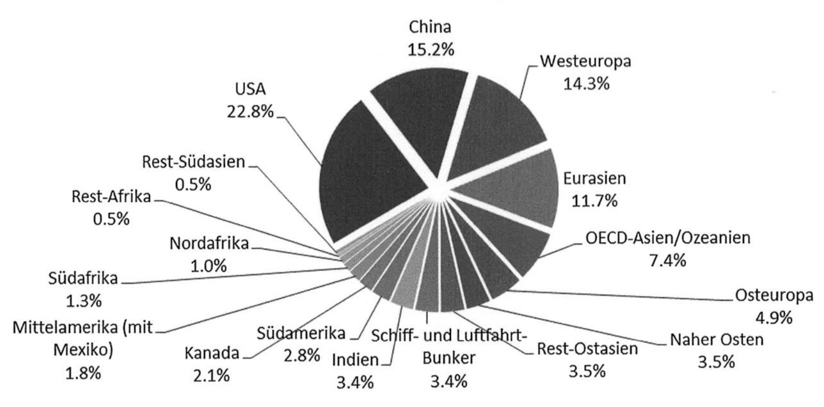

Abb. 2.2 Verursacher der kumulierten Emissionen seit 1971

2.1 Nord-Afrika

Ein mit dem 2-Grad-Ziel ([2] sowie [6] bis [9]) kompatibles Szenario bis 2050 für Nord-Afrika zeigt Abb. 2.3. Der entsprechende Verlauf der Indikatoren ist in Abb. 2.4 wiedergegeben. Bis 2030 ist für die Variante *a* vor allem eine deutliche Verbesserung der Energieeffizienz notwendig, danach muss das Hauptaugenmerk auf die Reduktion der CO_2-Intensität der Energie gelegt werden, durch Förderung erneuerbarer Energien.

Die dazu notwendigen prozentualen jährlichen Änderungen bis 2030 für die beiden Varianten *a* und *b* [2] sind detaillierter in Abb. 2.5 wiedergegeben.

Der zugehörige Verlauf der pro Kopf Indikatoren für das kaufkraftbereinigte Bruttoinlandprodukt, die Bruttoenergie und den CO_2-Ausstoß sind schließlich in Abb. 2.6 dargestellt, für 1980 bis 2014 und entsprechend dem 2-Grad-Szenario.

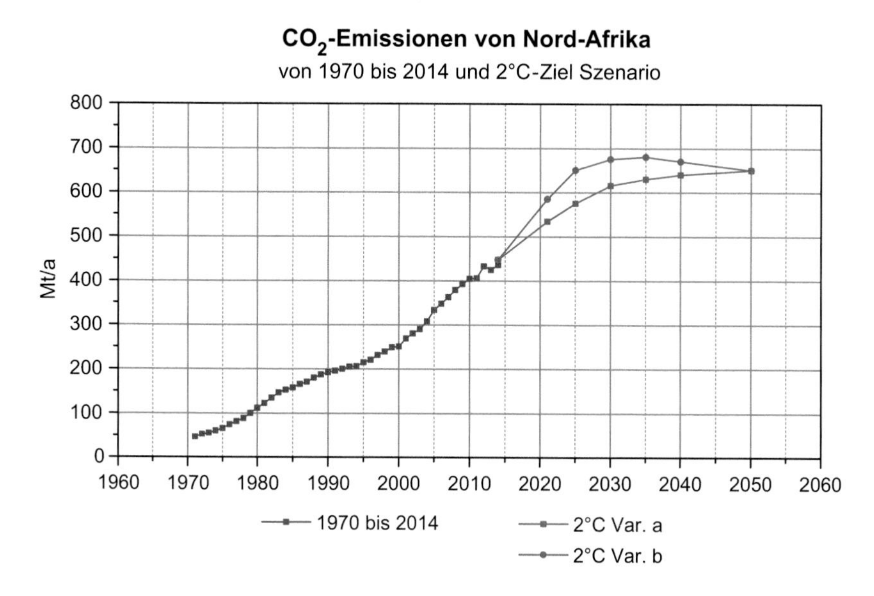

Abb. 2.3 Mit dem 2-Grad-Ziel kompatibles Szenario für Nord-Afrika

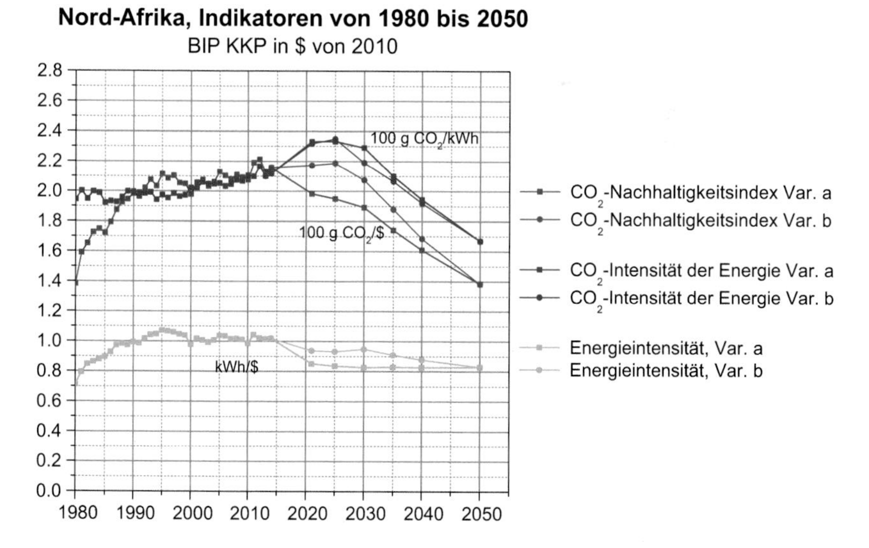

Abb. 2.4 Indikatoren-Verlauf von 1980 bis 2014 und mit dem 2 °C-Ziel kompatibler Verlauf bis 2050

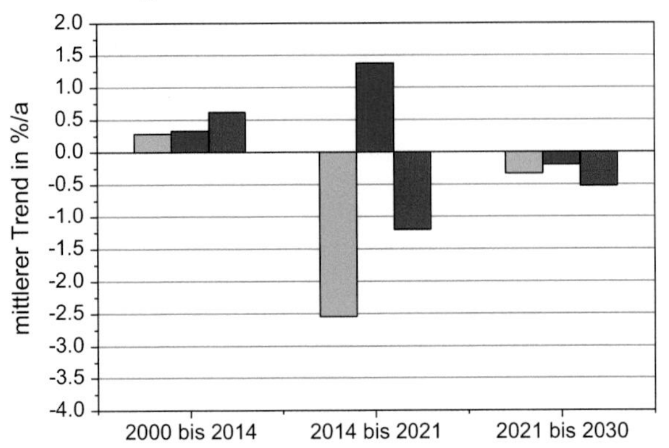

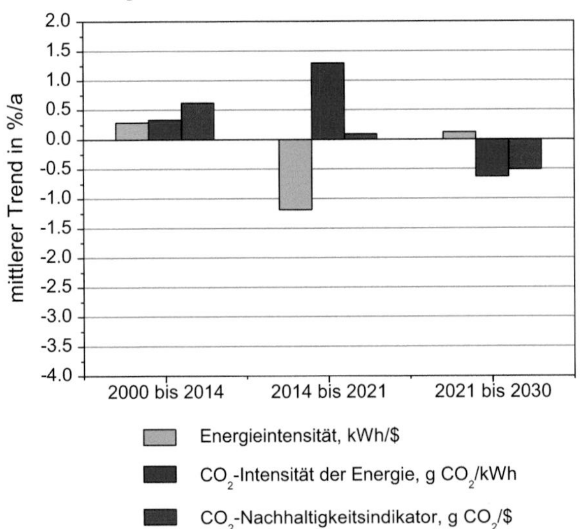

Abb. 2.5 Indikatoren-Trend in %/a von 2000 bis 2014 und notwendige Trendänderung ab 2014 zur Einhaltung des 2- Grad-Ziels für die Varianten *a* und *b*

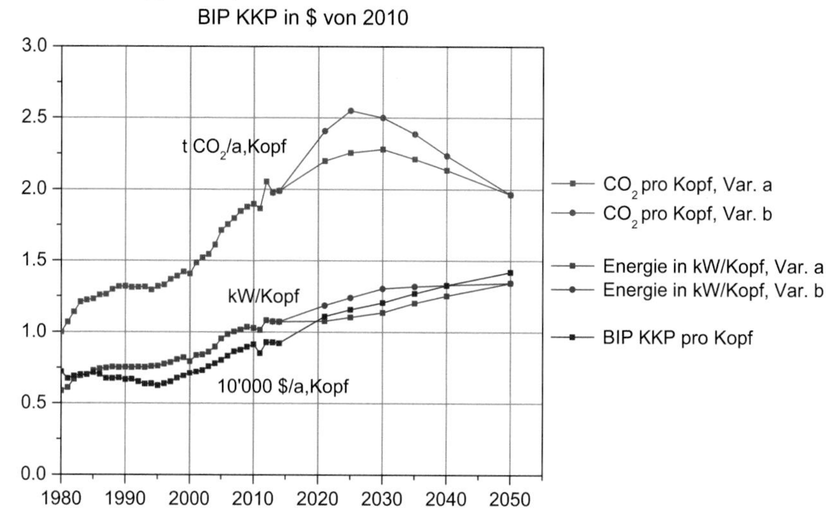

Abb. 2.6 Pro Kopf Indikatoren Nord-Afrikas von 1980 bis 2014 und 2-Grad-Szenario bis 2050

2.2 Südafrika

Ein mit dem 2-Grad-Ziel kompatibles Szenario bis 2050 für Südafrika zeigt Abb. 2.7. Die gegenwärtige Tendenz entspricht leider eher Variante *b*. Der entsprechende Verlauf der Indikatoren ist in Abb. 2.8 wiedergegeben. Südafrika weist mit 669 g CO_2/$ die schlechteste CO_2-Nachaltigkeit nicht nur von Afrika (Abb. 1.21), sondern weltweit auf. Energisches Gegensteuer ist somit notwendig, sowohl was die Energieintensität als auch die CO_2-Intensität der Energie betrifft. Mittel dazu: alle erneuerbaren Energien, Kernenergie und saubere Kohle (CCS).

Die dazu notwendigen prozentualen jährlichen Änderungen bis 2030 für die beiden Varianten sind detaillierter in den Abb. 2.9 wiedergegeben.

Der zugehörige Verlauf der pro Kopf Indikatoren für das kaufkraftbereinigte Bruttoinlandprodukt, die Bruttoenergie und den CO_2-Ausstoß ist schließlich in Abb. 2.10 dargestellt, für 1980 bis 2014 und entsprechend dem 2-Grad-Szenario.

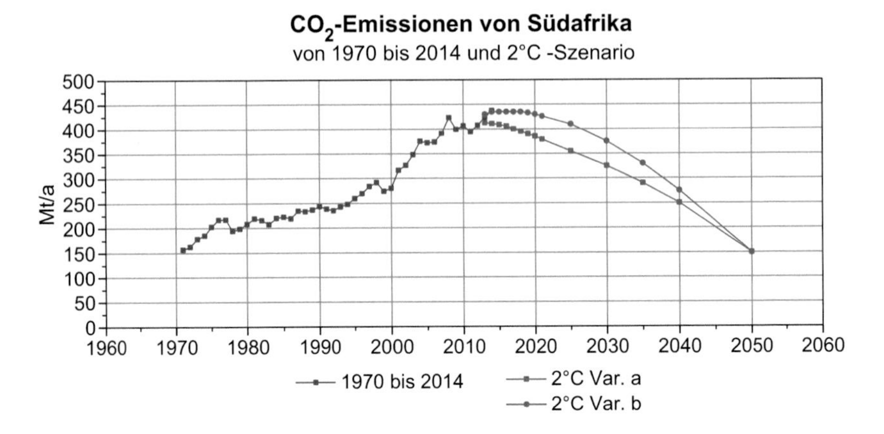

Abb. 2.7 Mit dem 2-Grad-Ziel kompatibles Szenario für Südafrika

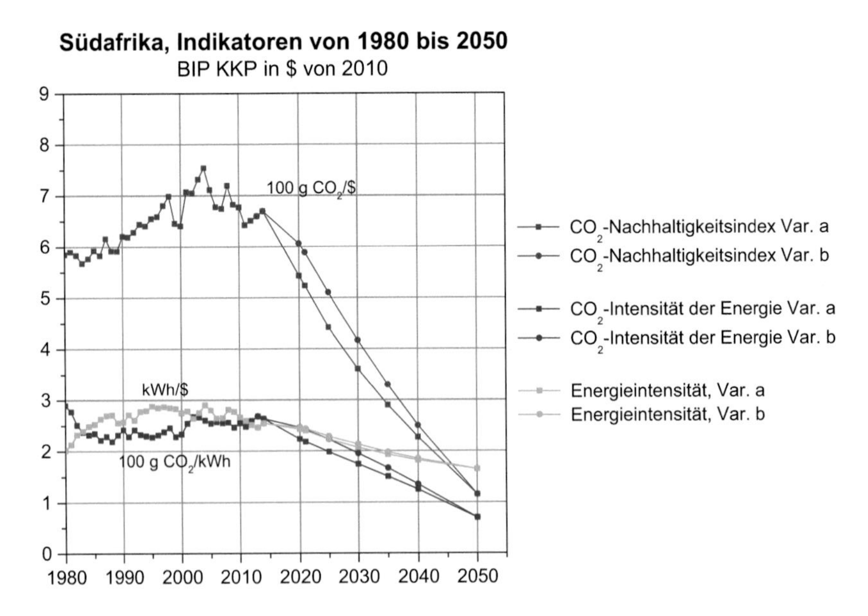

Abb. 2.8 Indikatoren-Verlauf von 1980 bis 2014 und mit dem 2 °C-Ziel kompatiblen Verlauf bis 2050

Südafrika, 2°C-Ziel, Var. *a* : 325 Mt CO_2 in 2030

Trend der Indikatoren von 2000 bis 2014 und
notwendiger Trend von 2014 bis 2021 und von 2021 bis 2030

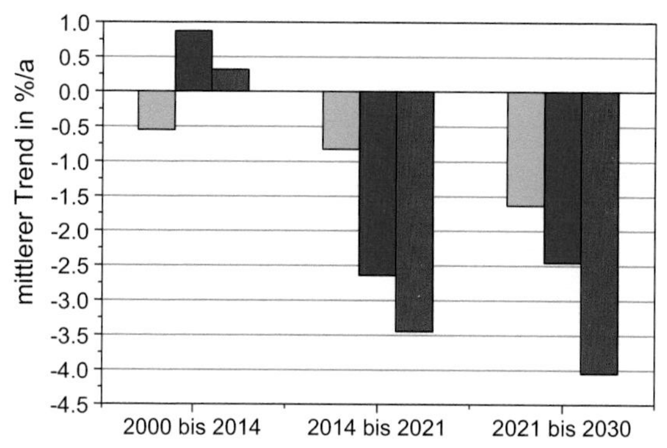

Südafrika, 2°C-Ziel, Var. *b* : 375 Mt CO_2 in 2030

Trend der Indikatoren von 2000 bis 2014 und
notwendiger Trend von 2014 bis 2021 und von 2021 bis 2030

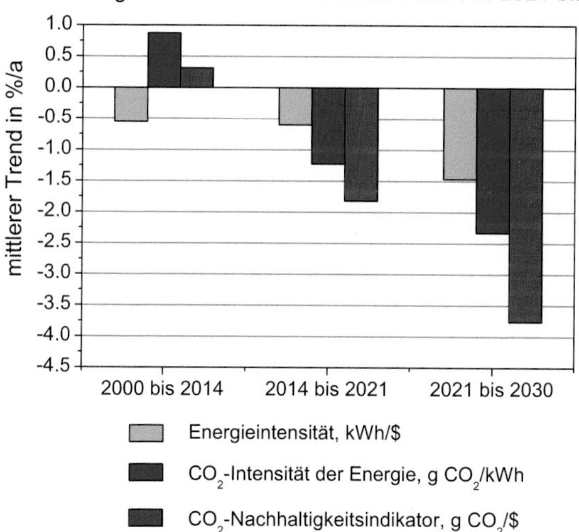

Abb. 2.9 Indikatoren-Trend in %/a von 2000 bis 2013 und notwendige Trendänderung ab 2014 zur Einhaltung des 2- Grad-Ziels für die Varianten *a* und *b*

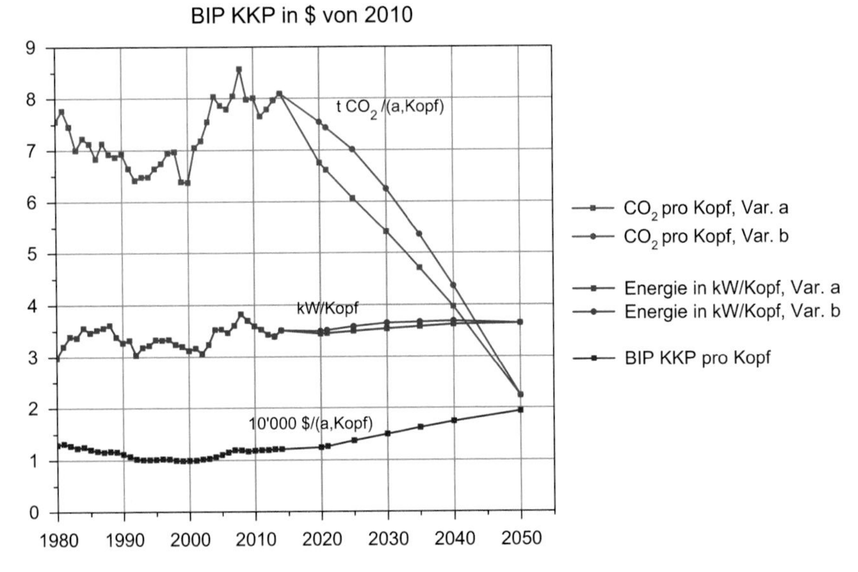

Abb. 2.10 Pro Kopf Indikatoren Südafrikas von 1980 bis 2014 und 2-Grad-Szenario bis 2050

2.3 Restliches Afrika

Ein mit dem 2-Grad-Ziel kompatibles Szenario bis 2050 für das insgesamt stark unterentwickelte Rest-Afrika zeigt Abb. 2.11. Der entsprechende Verlauf der Indikatoren ist in Abb. 2.12 wiedergegeben. Eine Verbesserung der Energieeffizienz ist notwendig und durch Förderung erneuerbarer Energien soll auch eine Zunahme der CO_2-Intensität der Energie, trotz wirtschaftlicher Entwicklung, verhindert werden (möglichst Variante a).

Die prozentualen jährlichen Änderungen der Indikatoren bis 2030 für die beiden Varianten sind detaillierter in Abb. 2.13 wiedergegeben.

Der zugehörige Verlauf der pro Kopf Indikatoren für das kaufkraftbereinigte Bruttoinlandprodukt, die Bruttoenergie und den CO_2-Ausstoß ist schließlich in Abb. 2.14 dargestellt, für 1990 bis 2014 und entsprechend dem 2-Grad-Szenario.

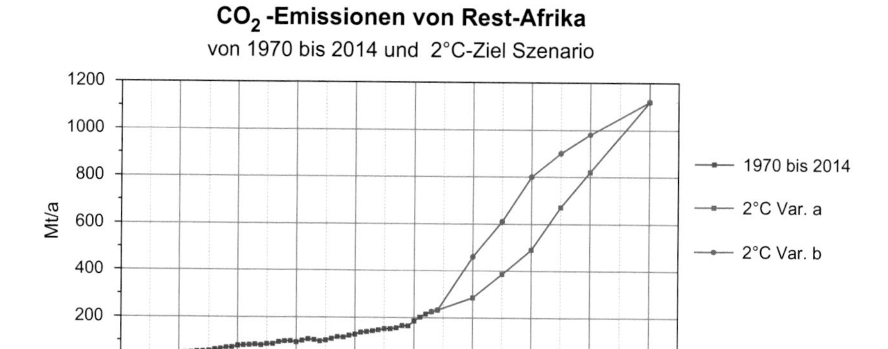

Abb. 2.11 Mit dem 2-Grad-Ziel kompatibles Szenario für Rest-Afrika

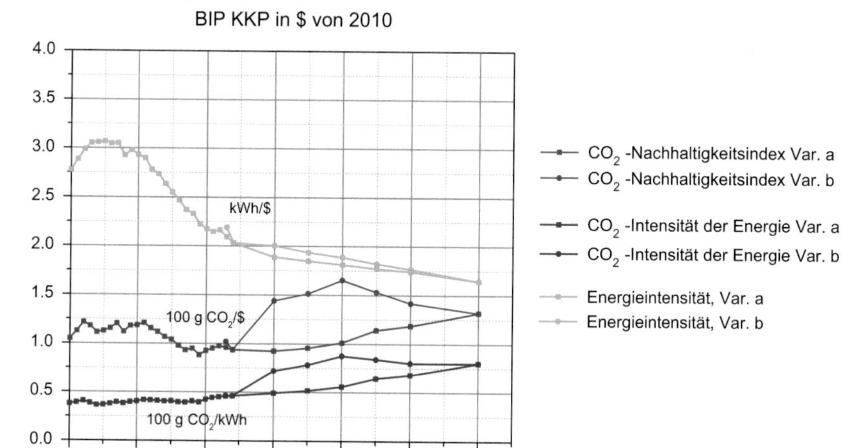

Abb. 2.12 Indikatoren-Verlauf von 1990 bis 2014 und mit dem 2 °C-Ziel kompatibler Verlauf bis 2050

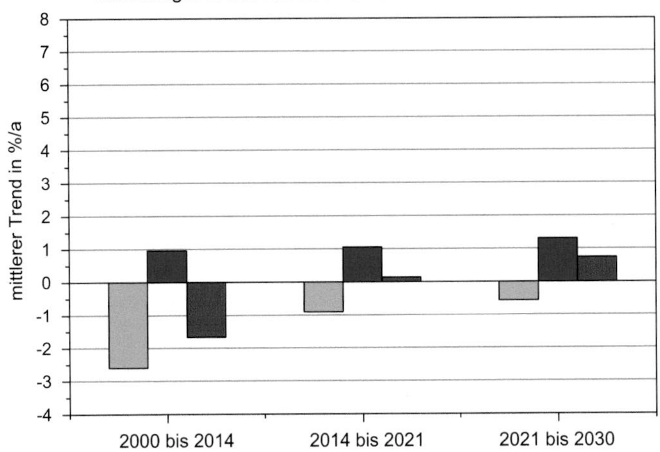

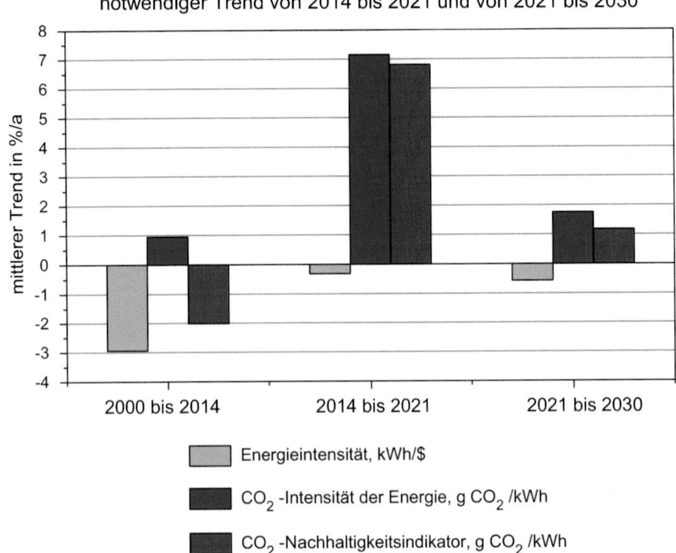

Abb. 2.13 Indikatoren-Trend in %/a von 2000 bis 2013 und notwendige Trendänderung ab 2014 zur Einhaltung des 2- Grad-Ziels für die Varianten *a* und *b*

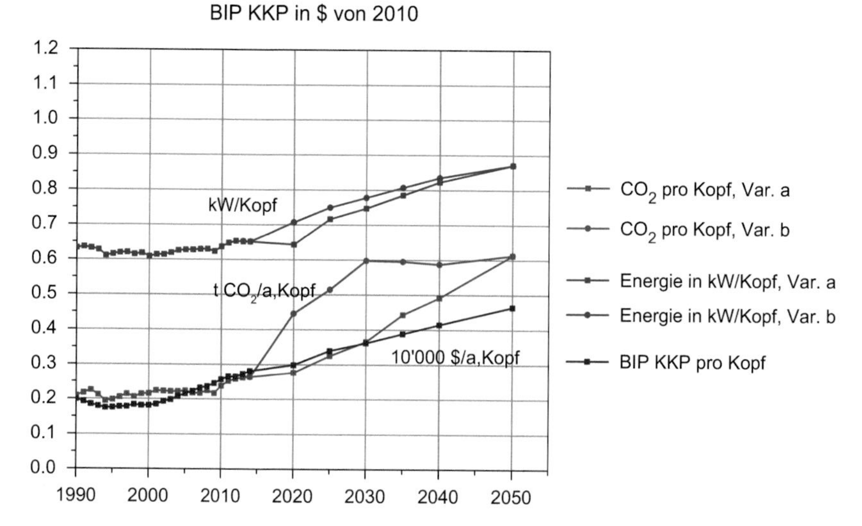

Abb. 2.14 Pro Kopf Indikatoren Rest-Afrikas von 1990 bis 2014 und 2-Grad-Szenario bis 2050

2.4 Afrika insgesamt

Die entsprechenden Diagramme für Gesamt-Afrika ergeben sich durch Aufsummierung der Diagramme der drei Regionen und sind in den Abb. 2.15, 2.16, 2.17, 2.18 und 2.19 gegeben.

Die Abb. 2.15 zeigt die sich ergebenden Gesamtemissionen bis 2050 für beide Varianten und Abb. 2.16 die entsprechenden Haupt-Indikatoren.

Die bis 2030 notwendigen prozentualen jährlichen Änderungen der Indikatoren für die beiden Varianten sind detaillierter in den Abb. 2.17 und 2.18 wiedergegeben. Der Verlauf der pro Kopf-Indikatoren für das kaufkraftbereinigte Bruttoinlandprodukt, die Bruttoenergie und den CO_2-Ausstoß sind schließlich in Abb. 2.19 dargestellt.

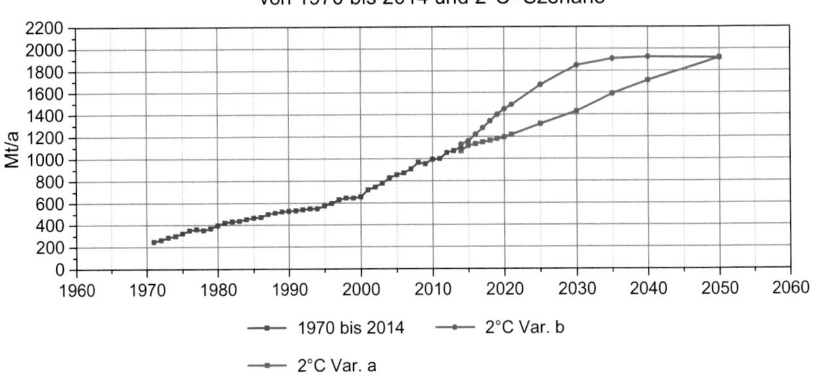

Abb. 2.15 Mit dem 2-Grad-Ziel kompatibles Szenario für Afrika

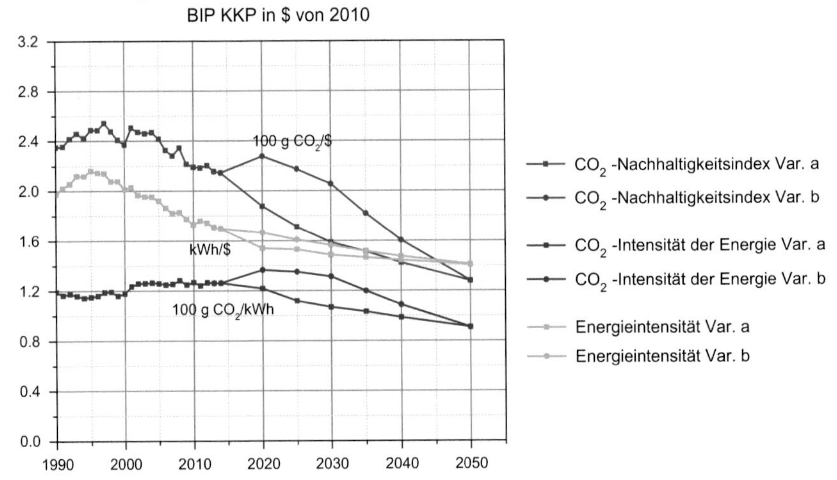

Abb. 2.16 Indikatoren-Verlauf von 1990 bis 2014 und mit dem 2 °C-Ziel kompatibler Verlauf bis 2050

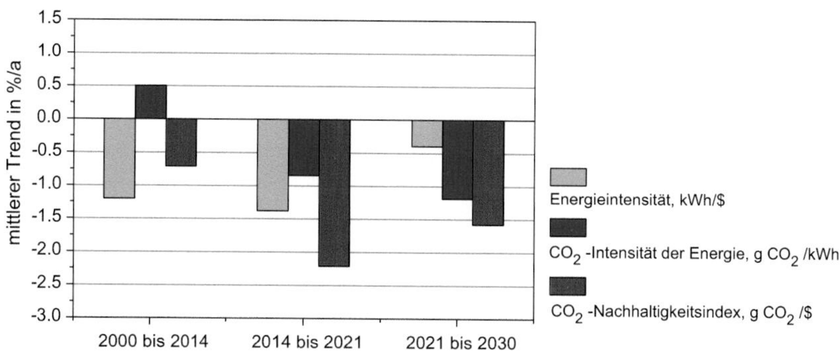

Abb. 2.17 Indikatoren-Trend in %/a von 2000 bis 2014 und notwendige Trendänderung ab 2014, Variante *a*

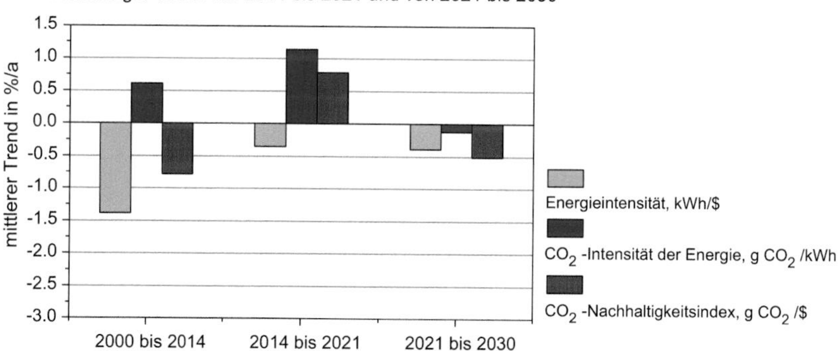

Abb. 2.18 Indikatoren-Trend in %/a von 2000 bis 2014 und notwendige Trendänderung ab 2014, Variante *b*

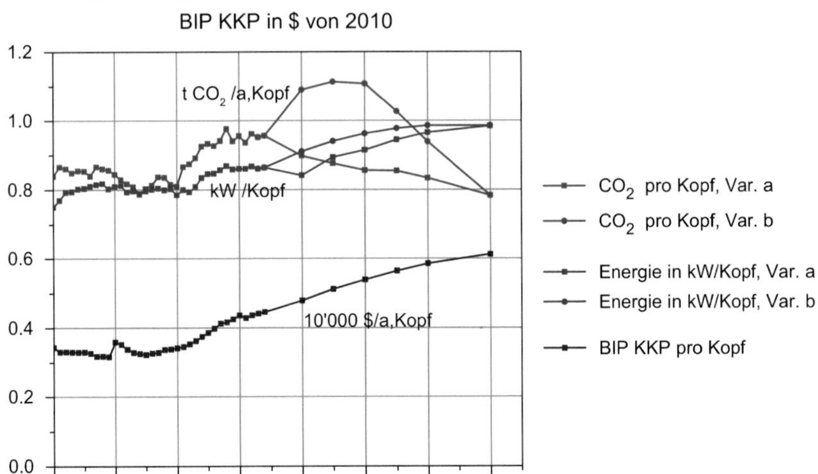

Abb. 2.19 Pro Kopf Indikatoren Afrikas von 1980 bis 2014 und 2-Grad-Szenario bis 2050

2.5 Zusammenfassung

Zusammenfassend geben die Abb. 2.20 und 2.21 die notwendige Änderung in % des Indikators g CO_2/$ von 2014 bis 2030, für die beiden Varianten *a* und *b*, um das 2 °C-Klimaziel zu erreichen.

Die **grüne Linie** entspricht der im **Mittel weltweit notwendigen Reduktion** des Indikators [2]. Die strengere Variante *a* ist wenn möglich anzustreben. Die Variante *b* ist großzügiger, hat aber den Nachteil, dass ab 2030 umso größere Anstrengungen notwendig werden, um das 2 °C-Ziel überhaupt zu erreichen. Mit der Variante *a* liegen auch Ziele unter 2 °C drin, z. B. 1,5 °C, mit verstärkten Anstrengungen ab 2030.

Die **roten Werte** geben, in Übereinstimmung mit der vorangehenden Analyse, die **empfohlene Änderung für die Regionen** Afrikas und für Afrika insgesamt. Die Marge relativ zum weltweiten Mittel ist ein Bonus für die Entwicklungs- und Schwellenländer. Sie wird ermöglicht und kompensiert durch eine entsprechend stärkere Anstrengung der Industriewelt (was Europa und Amerika betrifft, s. Bd. 1 [10] und Bd. 2 [11] der Reihe).

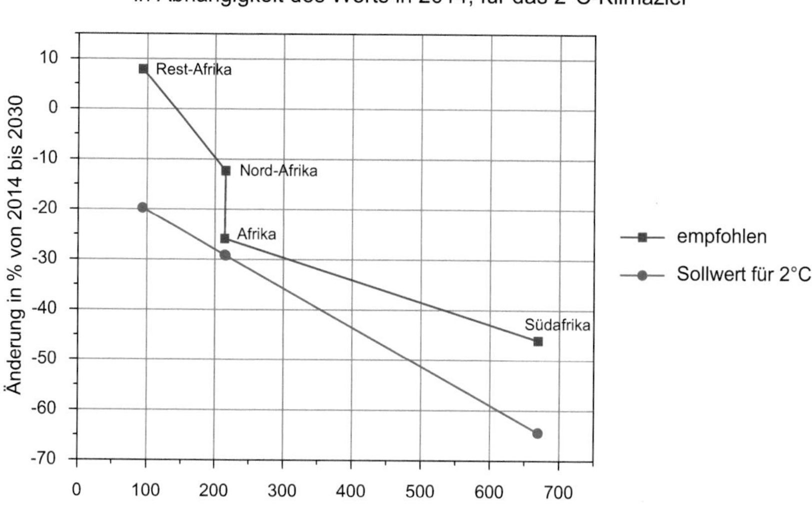

Abb. 2.20 Notwendige Änderung des Indikators g CO_2/$, um das 2 °C-Klimaziel zu erreichen, Variante *a*

Ziele unter 2 °C

Nur mit der Variante *a* sind auch **Ziele unter 2 °C möglich, z. B. 1,5 °C,** mit verstärkten Anstrengungen ab 2030. Für das 1,5 °C Ziel dürfen bis 2100 die kumulierten Emissionen seit 1870 höchstens 550 Gt C betragen [2]. Da weltweit bis 2030, selbst mit der strengeren Variante a, die kumulierten Emissionen bereits 500 Gt C erreichen, verbleibt eine Reserve von nur 50 Gt C, was 180 Gt CO_2 entspricht. Eine schärfere Gangart schon ab 2020 und die Hilfe sogenannter „negativer Emissionen" [2] dürften notwendig werden.

Die rasche und starke Verbesserung der CO_2-Nachhaltigkeit zur Gewährleistung mindestens des 2-Grad-Ziels erfordert (wobei für Rest-Afrika diese Forderungen teilweise erst mittel- bis langfristig bezahlbar sein dürften):

- Bei Heizwärme- und Kühlung: bessere **Gebäudeisolation**, Ersatz von Ölheizungen durch Gasheizungen und vor allem durch **Wärmepumpenheizungen** (s. dazu auch Kap. 3 und [1]), sowie durch möglichst **CO_2-frei erzeugte**

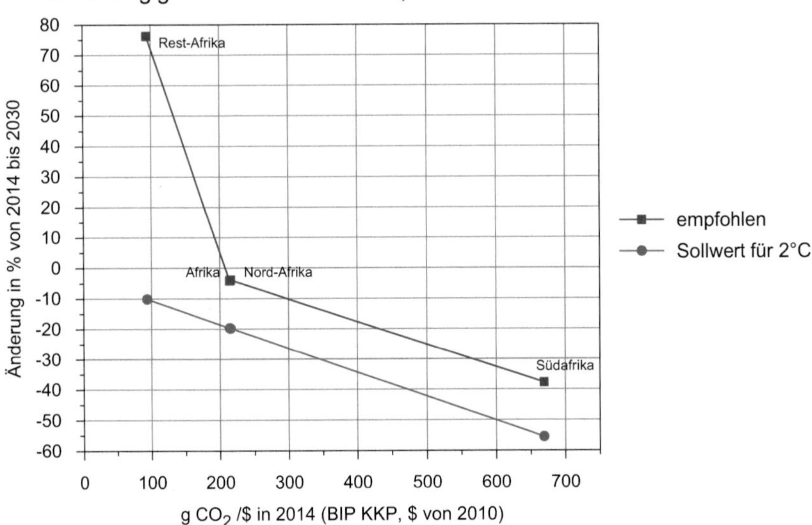

Abb. 2.21 Notwendige Änderung des Indikators g CO_2/$, um das 2 °C-Klimaziel zu erreichen, Variante *b*

Fernwärme sowie **Solar-Warmwasser.** Kühlung mit **Erdsonden und CO_2-arm erzeugte Elektrizität.**

- Bei Prozesswärme: Ersatz fossiler Energieträger soweit möglich durch **CO_2-arm erzeugte Elektrizität** und **Solarwärme**.
- Im Verkehr: **effizientere** Motoren und fortschreitende **Elektrifizierung:** Bahnverkehr, Elektro- und Hybridfahrzeuge für den Privat- und Warenverkehr. Letztere sind sehr sinnvoll bei einer **CO_2-armen Elektrizitätsproduktion** von mindestens 50 % (s. dazu Tab. 1.2).

Dazugehörende für alle wichtigste Maßnahme ist eine rasch fortschreitende Entwicklung zu einer möglichst **CO_2-freien Elektrizitätsproduktion.** Diese kann in erster Linie durch erneuerbare Energien insbesondere auch mit Geothermie, aber auch durch Kernenergie oder CCS erreicht werden. Ebenso notwendig ist die Anpassung der Netze und Speicherungstechniken an die hohe Variabilität von Solar- und Windenergie.

Die Abb. 2.22 zeigt den Anteil von Afrika und der übrigen Weltregionen an den weltweiten CO_2-Emissionen durch fossile Brennstoffe im Jahr 2014.

Die Abb. 2.23 zeigt wie sich diese Anteile bis 2050 verändern, wenn die für das 2-Grad-Klimaziel notwendige Halbierung der Gesamtemissionen erzielt wird (in Klammern Änderung der effektiven Emissionen relativ zu 2014). Für Afrika ergibt sich eine Verdoppelung der Emissionen.

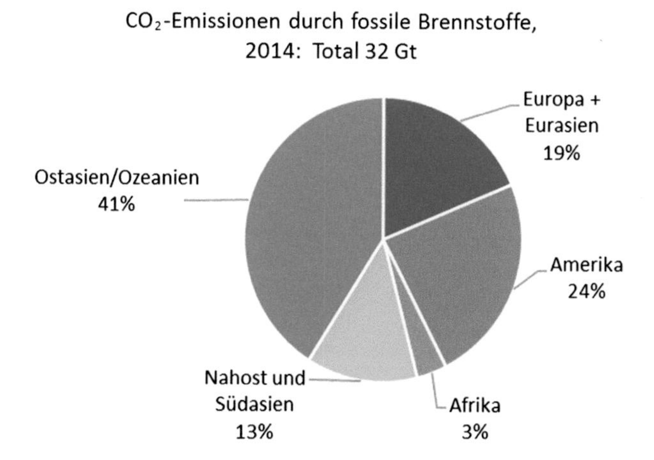

Abb. 2.22 Prozent-Anteile der fünf Weltregionen an den CO_2-Emissionen in 2014

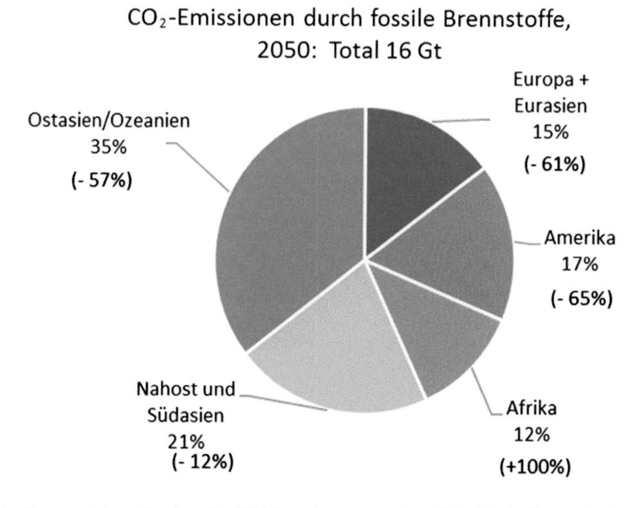

Abb. 2.23 Prozent-Anteile der fünf Weltregionen an den CO_2-Emissionen in 2014

3 Weitere Daten der Länder Afrikas

3.1 Ägypten und Algerien

Ägypten und Algerien sind die bevölkerungsreichsten Länder von Nord-Afrika.

3.1.1 Energieflüsse in Ägypten (Abb. 3.1 und 3.2)

Einwohnerzahl: 90 Mio.
Die Energiebilanz Ägyptens ist ausgeglichen. Die Eigenproduktion deckt weitgehend den Bedarf für die Elektrizitätsproduktion sowie den Wärme- und Treibstoffbedarf (Abb. 3.1). Die CO_2-Nachhaltigkeit ist mit 200 g CO_2/$ tragbar, muss aber mittelfristig durch mehr erneuerbare Energien für die Elektrizitätsproduktion und evtl. mit Geothermie deutlich verbessert werden.

3.1.2 Energieflüsse in Algerien (Abb. 3.3 und 3.4)

Einwohnerzahl: 39 Mio.
Algerien exportiert Öl und Ölprodukte. Die CO_2-Nachhaltigkeit hat sich seit 2000 auf 241 g CO_2/$ verschlechtert (Abb. 3.3). Eine Inversion der Tendenz ist notwendig durch verstärkten Einsatz von erneuerbaren Energien für die Elektrizitätsproduktion (s. Abb. 3.5), von Geothermie für Haushaltwärme und durch Verbesserung der Energieeffizienz, um bis 2050 einen Wert unter 150 g CO_2/$ anzusteuern.

V. Crastan, *Klimawirksame Kennzahlen für Afrika,* essentials,
https://doi.org/10.1007/978-3-658-20496-9_3

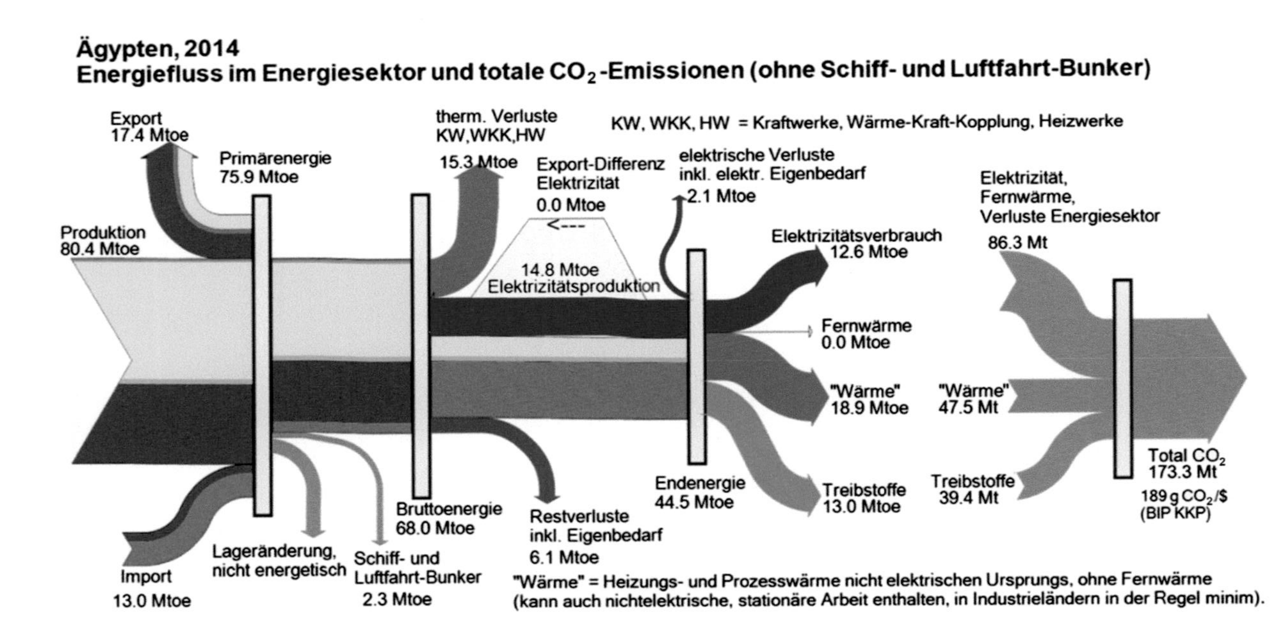

Abb. 3.1 Ägypten: Energiefluss im Energiesektor von der Primärenergie zur Endenergie und CO_2-Ausstoß. Die Energieträgerfarben sind wie in Abb. 1.4 (aber Erdöl dunkelbraun, Erdölprodukte hellbraun)

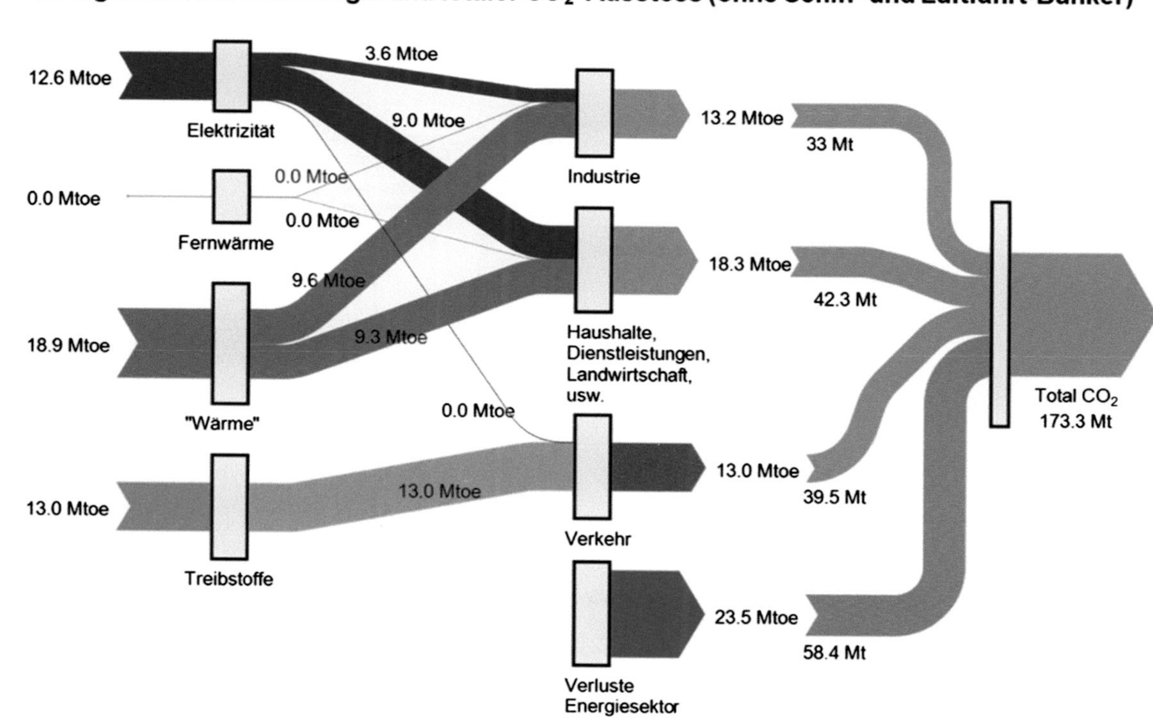

Abb. 3.2 Ägypten: Energiefluss der Endenergie zu den Endverbrauchern und zugeordnete CO_2-Emissionen

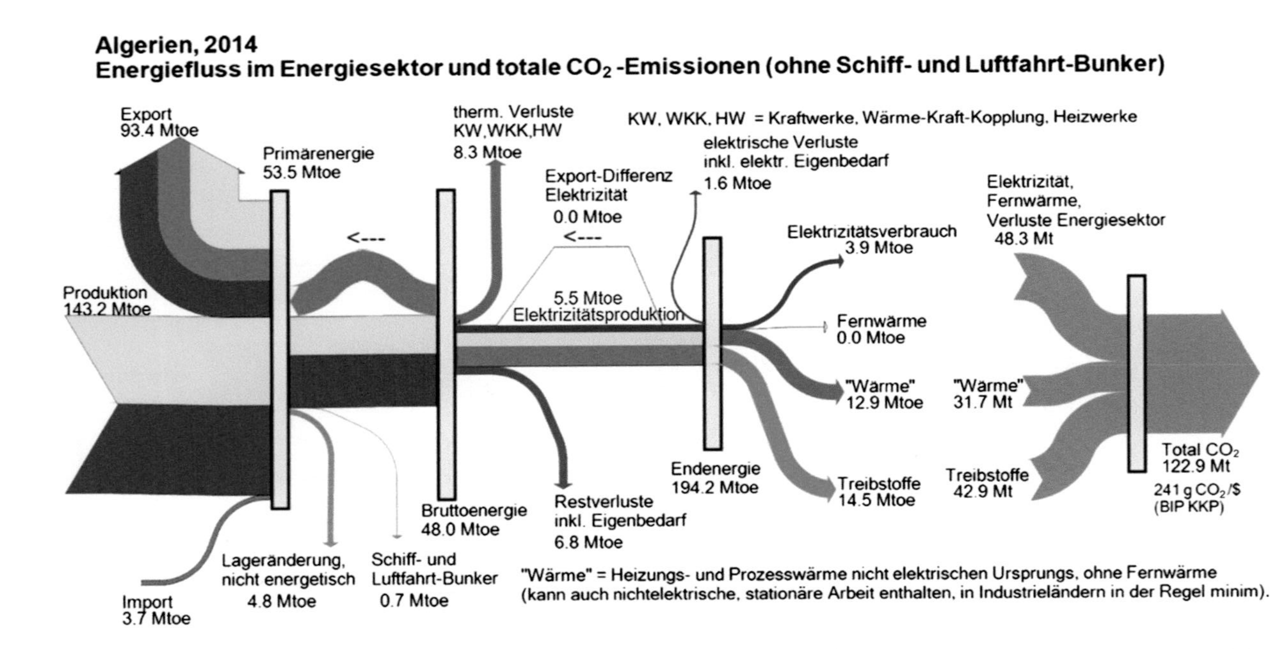

Abb. 3.3 Algerien: Energiefluss im Energiesektor von der Primärenergie zur Endenergie und CO_2-Ausstoß. Die Energieträgerfarben sind wie in Abb. 1.4 (aber Erdöl dunkelbraun, Erdölprodukte hellbraun)

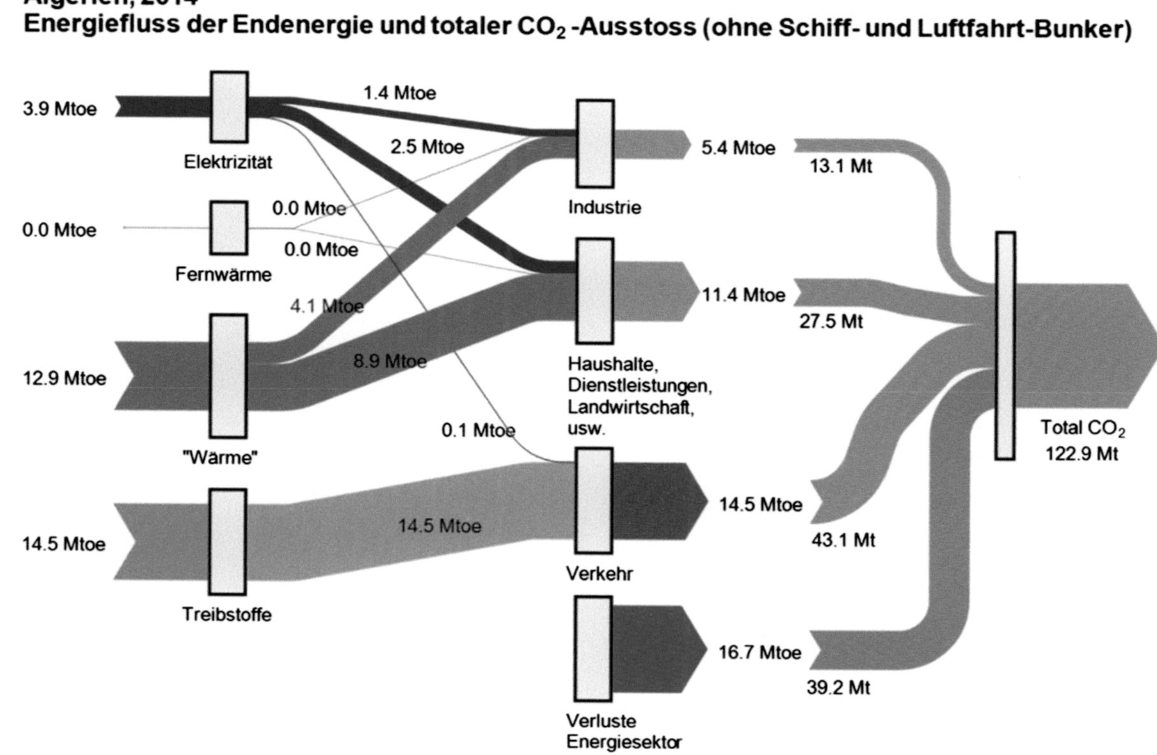

Abb. 3.4 Algerien: Energiefluss der Endenergie zu den Endverbrauchern und zugeordnete CO_2-Emissionen

3.1.3 Elektrizitätsproduktion und -verbrauch

Elektrizitätsproduktion und -verbrauch sind für beide Länder in Abb. 3.5 dargestellt.

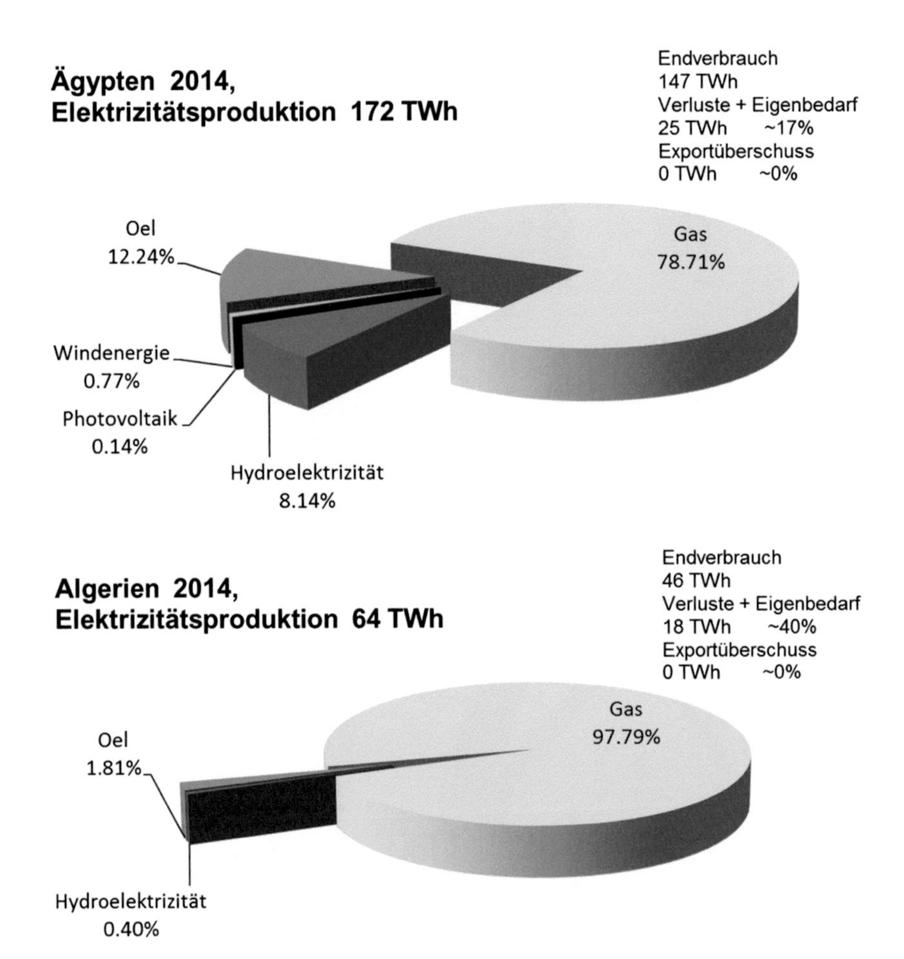

Abb. 3.5 Anteile der Energieträger an der Elektrizitätsproduktion Ägyptens und Algeriens

3.2 Nigeria, Äthiopien, Tansania und Kenia

Nigeria und Äthiopien sind die bevölkerungsreichsten Länder von Rest-Afrika.

3.2.1 Energieflüsse in Nigeria (Abb. 3.6 und 3.7)

Einwohnerzahl: 177 Mio.
Die Wirtschaft Nigerias beruht auf dem Erdölexport (Abb. 3.6). Die CO_2-Nachhaltigkeit ist vorerst mit 62 g CO_2/$ sehr gut und hat sich seit 2000 trotz Unterentwicklung sogar verbessert. Fortschritt erfordert verbreitete Elektrifizierung, bei Deckung des steigenden Bedarfs möglichst durch Wasserkraft und Solarenergie (Abb. 3.14), sowie Verbesserung der Energieeffizienz. Damit könnte Nigeria zu einem Vorzeigeland im Rahmen des Klimaschutzes werden. Ziel für Rest-Afrika (Var. *a*) ist für 2030 etwa 100 g CO_2/$ (Abb. 2.12). Trotz starker Entwicklung sollten bis 2050 ca. 140 g CO_2/$ nicht überschritten werden.

3.2.2 Energieflüsse in Äthiopien (Abb. 3.8 und Abb. 3.9)

Einwohnerzahl: 97 Mio.
Äthiopien importiert Ölprodukte und exportiert etwas Elektrizität (Abb. 3.8). Die Elektrizitätsproduktion stammt aus Wasserkraft, Wind und Geothermie und ist somit CO_2-frei. Die CO_2-Nachhaltigkeit ist vorerst mit 68 g CO_2/$ sehr gut, hat sich aber seit 2000 verschlechtert, was mit der hohen CO_2-Intensität der Industrie zusammenhängt (Tabelle Abschn. 3.3). Eine starke Elektrifizierung von Landwirtschaft, Haushalte und Industrie würde bei Beibehaltung der Elektrizitätsproduktion aus erneuerbaren Quellen ganz im Sinne des Klimaschutzes sein und die starke Unterentwicklung des Landes überwinden. Wärme könnte vermehrt auch aus Geothermie stammen, dessen Potenzial in Äthiopien beträchtlich ist. Die gegenwärtige starke Energieintensität ist typisch für die Unterentwicklung (Abschn. 1.4).

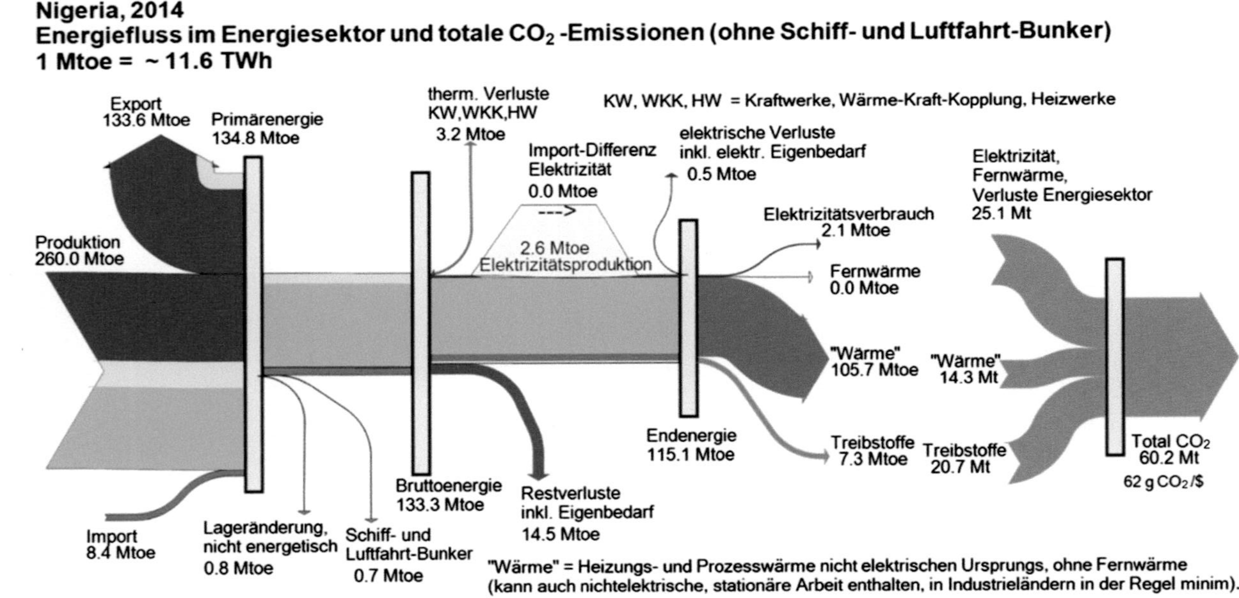

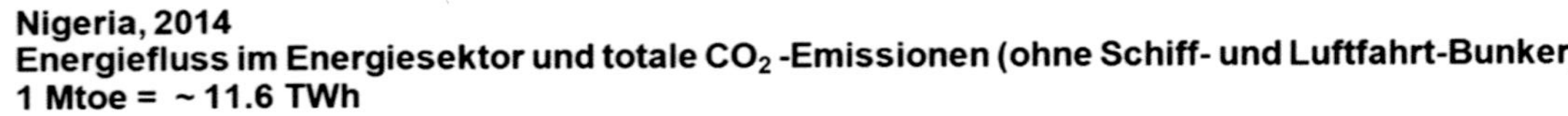

Abb. 3.6 Nigeria: Energiefluss im Energiesektor von der Primärenergie zur Endenergie und CO_2-Ausstoß. Die Energieträgerfarben sind wie in Abb. 1.4 (aber Erdöl dunkelbraun, Erdölprodukte hellbraun)

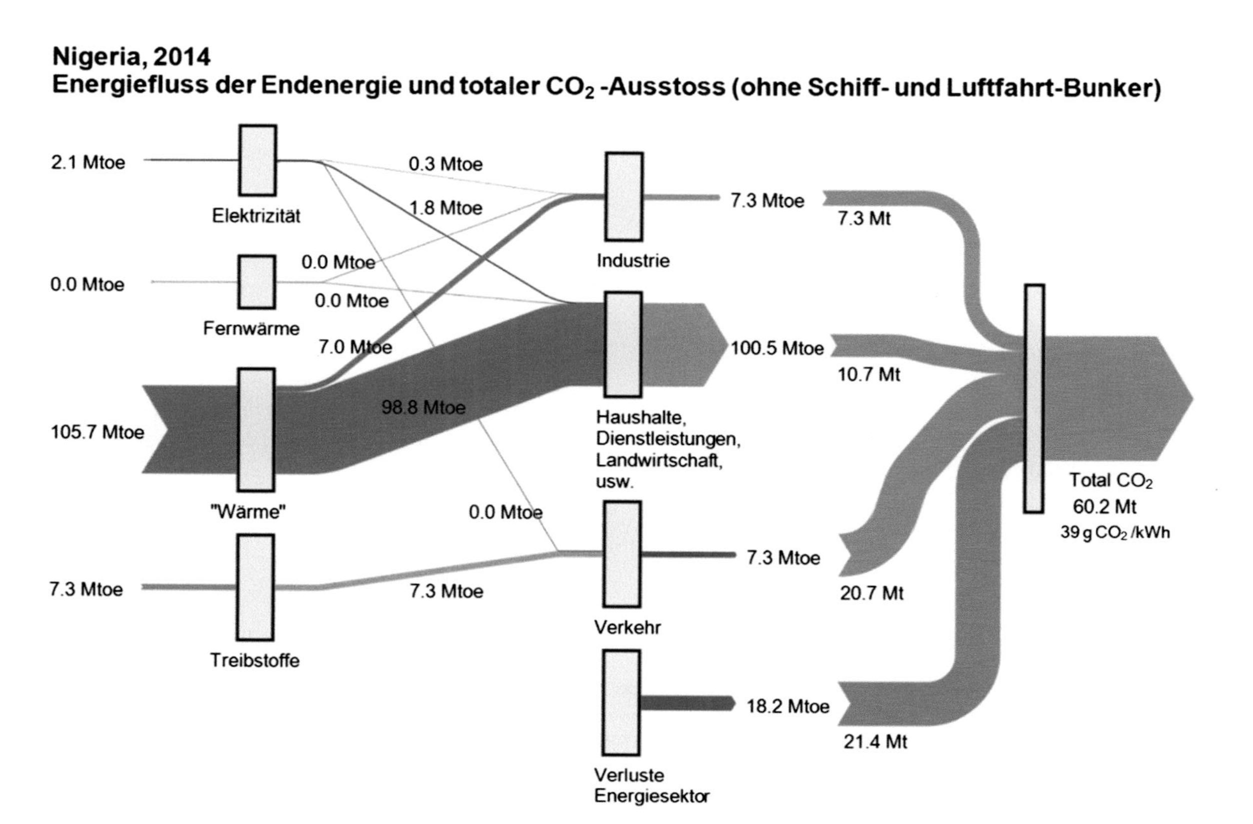

Abb. 3.7 Nigeria: Energiefluss der Endenergie zu den Endverbrauchern und zugeordnete CO_2-Emissionen

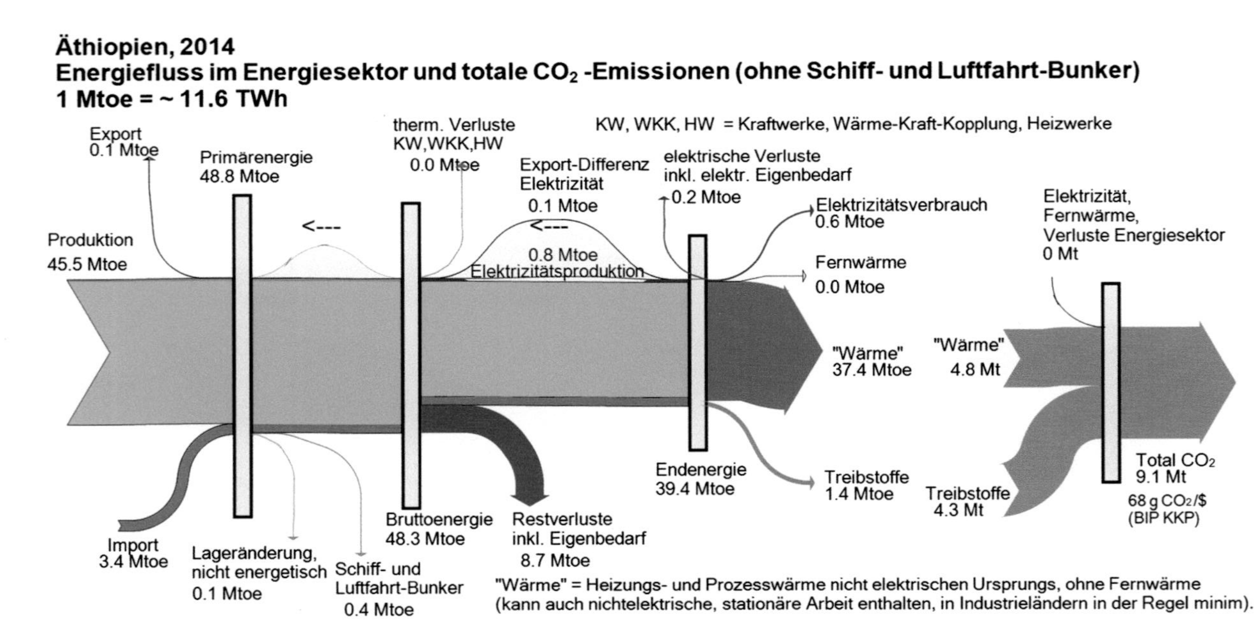

Abb. 3.8 Äthiopien: Energiefluss im Energiesektor von der Primärenergie zur Endenergie und CO_2-Ausstoß. Die Energieträgerfarben sind wie in Abb. 1.4 (aber Erdöl dunkelbraun, Erdölprodukte hellbraun)

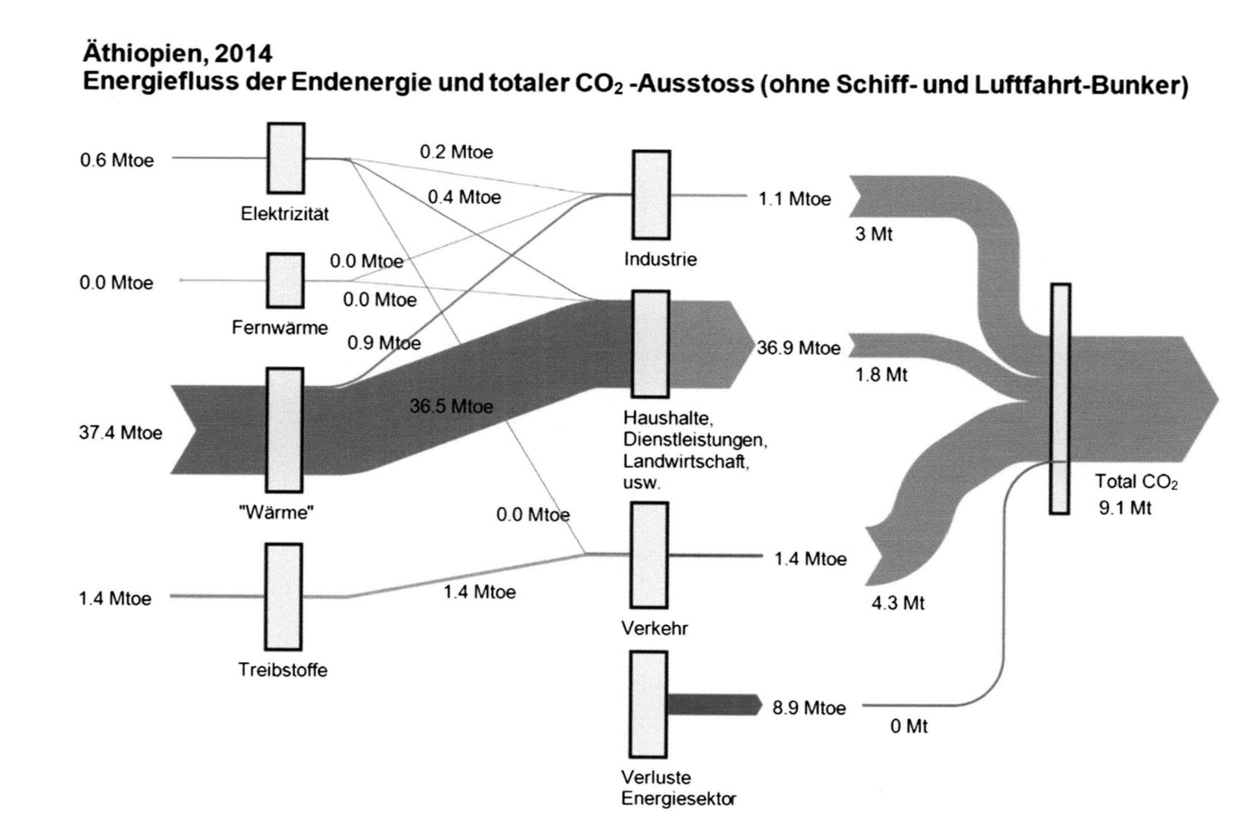

Abb. 3.9 Äthiopien: Energiefluss der Endenergie zu den Endverbrauchern und zugeordnete CO_2-Emissionen

3.2.3 Energieflüsse in Tansania (Abb. 3.10 und 3.11)

Einwohnerzahl: 52 Mio.
Neben Biomasse ist Erdgas die wichtigste eigene Energiequelle (Abb. 3.10). Die Entwicklung Tansanias erfordert ebenfalls eine starke Elektrifizierung. Zur Elektrizitätsproduktion sollten neben Gas und Wasserkraft (Abb. 3.15) vermehrt auch Solarenergie und Geothermie eingesetzt werden. Damit könnte man einen weiteren starken Anstieg des Indikators der CO_2-Nachhaltigkeit vermeiden (88 g CO_2/$ in 2014, hat sich aber seit 2000 deutlich erhöht, s. Abb. 1.23) und einen wesentlichen Beitrag zum Klimaschutz leisten.

3.2.4 Energieflüsse in Kenia (Abb. 3.12 und 3.13)

Einwohnerzahl: 45 Mio.
Neben Biomasse ist Geothermie die wichtigste eigene Energiequelle (Abb. 3.12). Die Entwicklung Kenias erfordert ebenfalls eine starke Elektrifizierung. Zur Elektrizitätsproduktion sollte, neben Geothermie und Wasserkraft (Abb. 3.14), vermehrt auch Solarenergie eingesetzt werden. Damit könnte der Indikator der CO_2-Nachhaltigkeit (101 g CO_2/$ in 2014 und seit 2000 etwas gesunken, s. Abb. 1.23) weiter reduziert werden und zum Klimaschutz beitragen.

3.2.5 Elektrizitätsproduktion und -verbrauch

Nigeria, Äthiopien, Tansania und Kenia haben zusammen 42 % der Bevölkerung Rest-Afrikas und generieren ca. 54 % von dessen BIP (KKP). Elektrizitätsproduktion und -verbrauch sind in den Abb. 3.14 und 3.15 dargestellt.

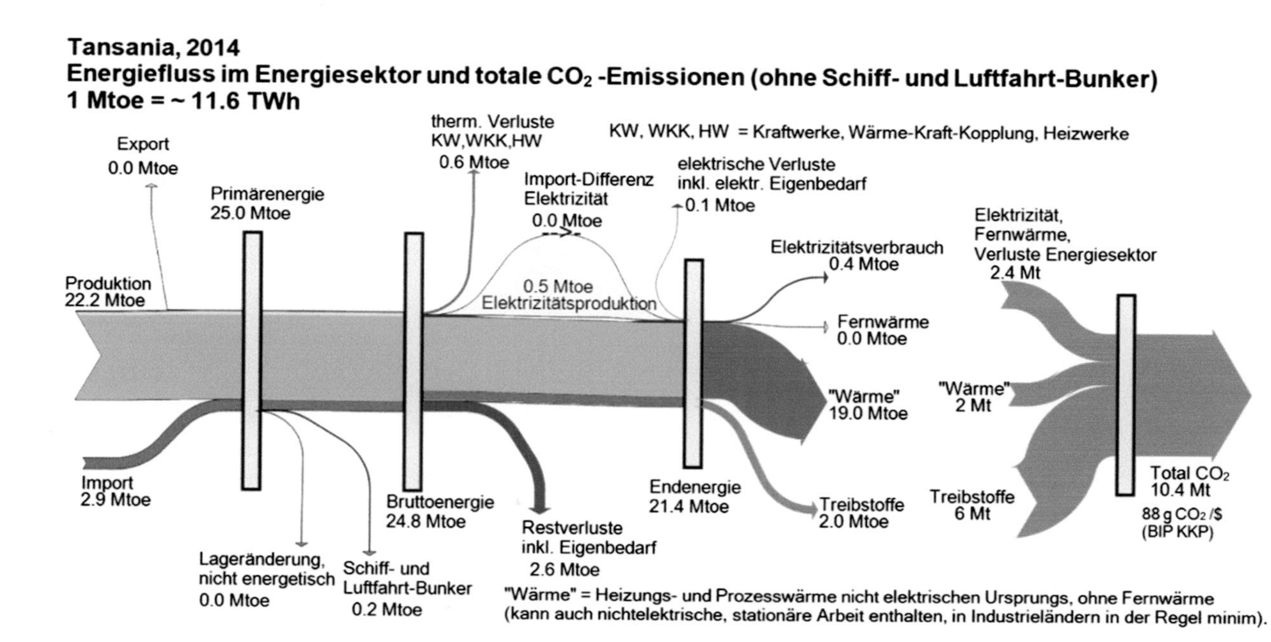

Abb. 3.10 Tansania: Energiefluss im Energiesektor von der Primärenergie zur Endenergie und CO_2-Ausstoß. Die Energieträgerfarben sind wie in Abb. 1.4 (aber Erdöl dunkelbraun, Erdölprodukte hellbraun)

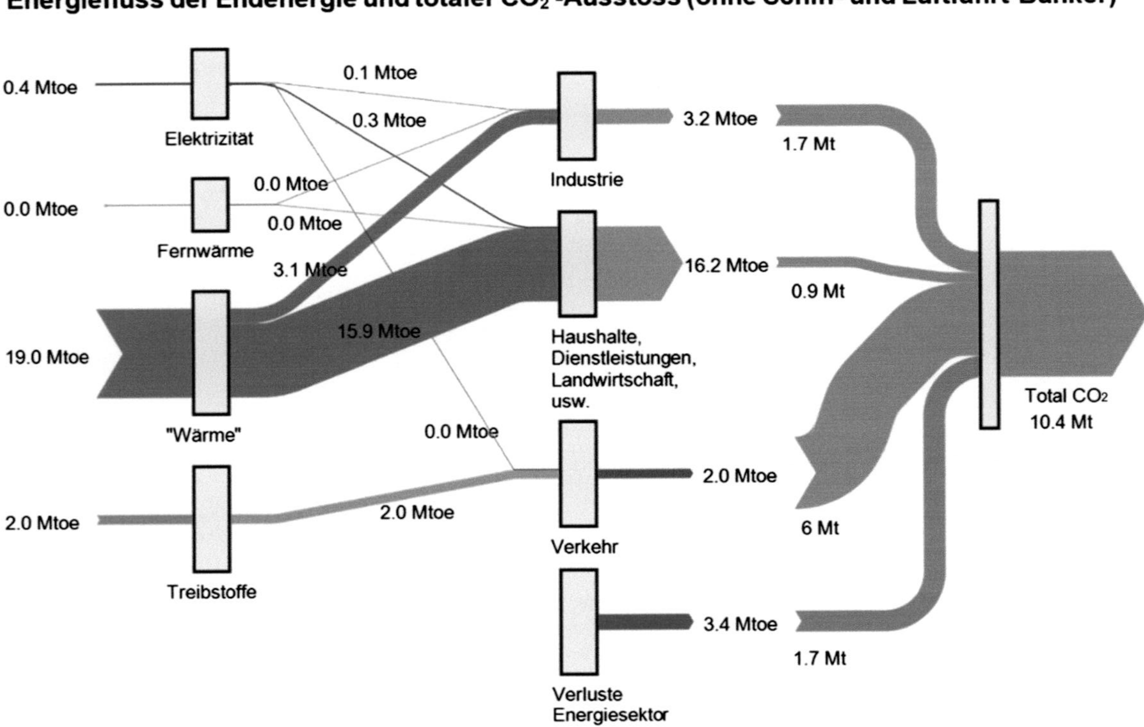

Abb. 3.11 Tansania: Energiefluss der Endenergie zu den Endverbrauchern und zugeordnete CO_2-Emissionen

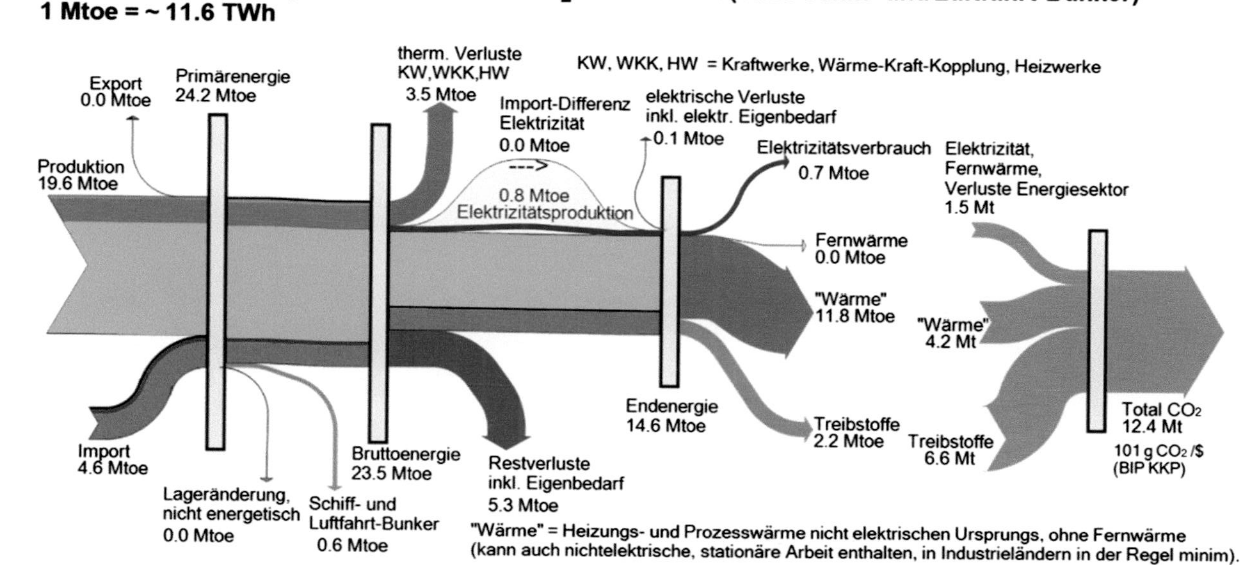

Abb. 3.12 Kenia: Energiefluss im Energiesektor von der Primärenergie zur Endenergie und CO_2-Ausstoß. Die Energieträgerfarben sind wie in Abb. 1.4 (aber Erdöl dunkelbraun, Erdölprodukte hellbraun)

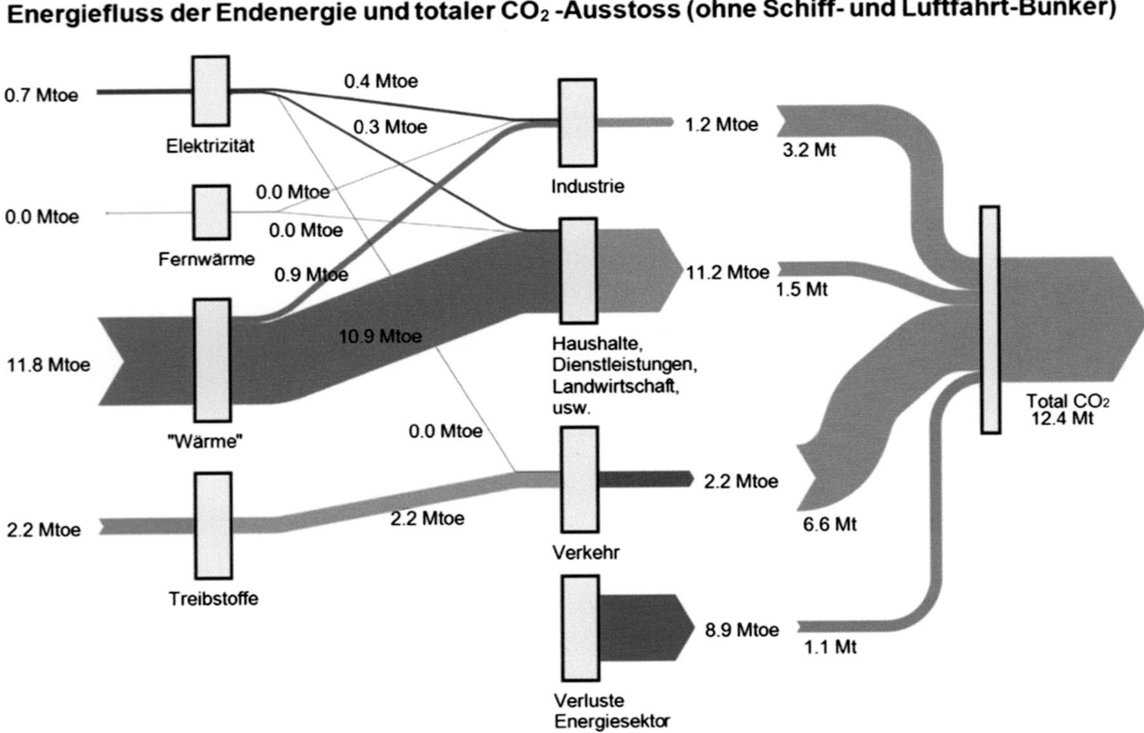

Abb. 3.13 Kenia: Energiefluss der Endenergie zu den Endverbrauchern und zugeordnete CO_2-Emissionen

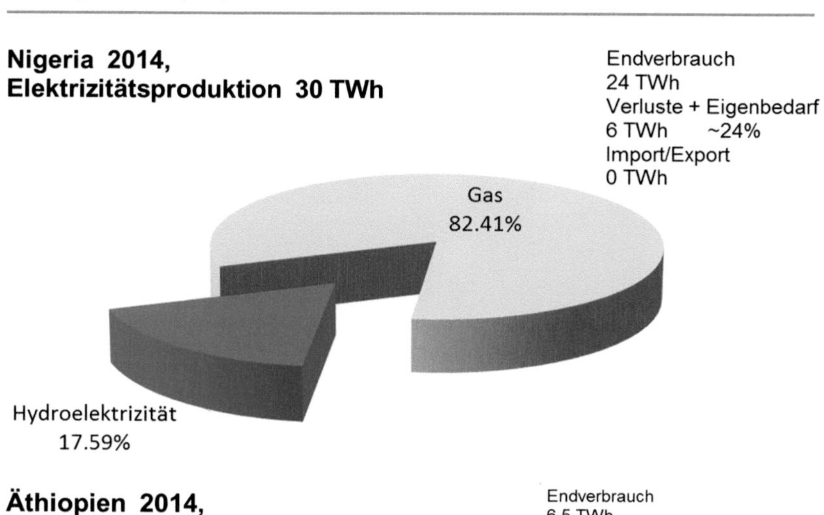

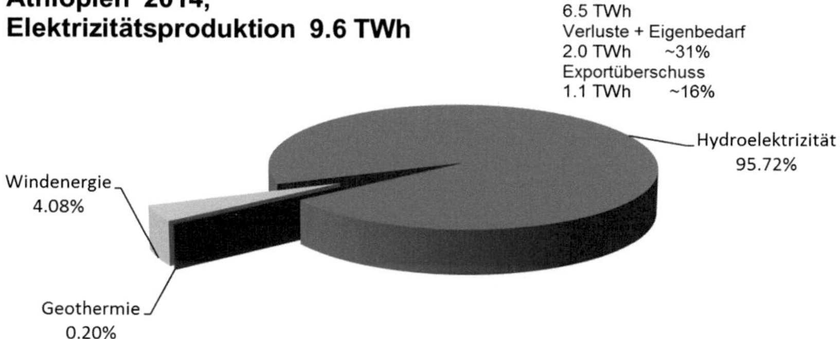

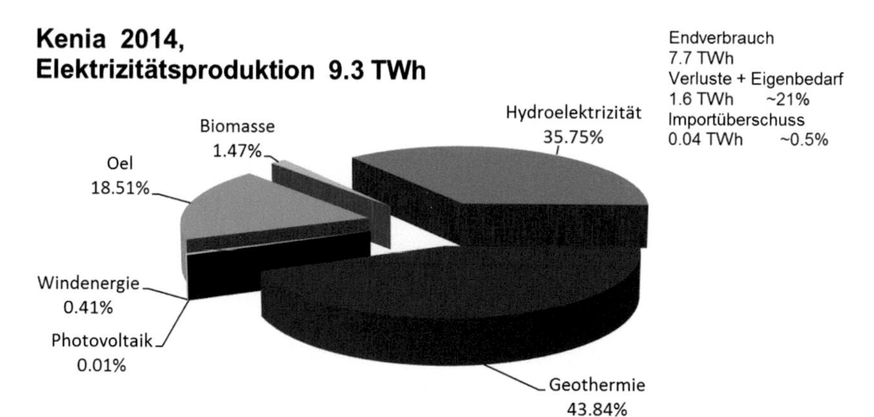

Abb. 3.14 Anteile der Energieträger an der Elektrizitätsproduktion von Nigeria, Äthiopien und Kenia

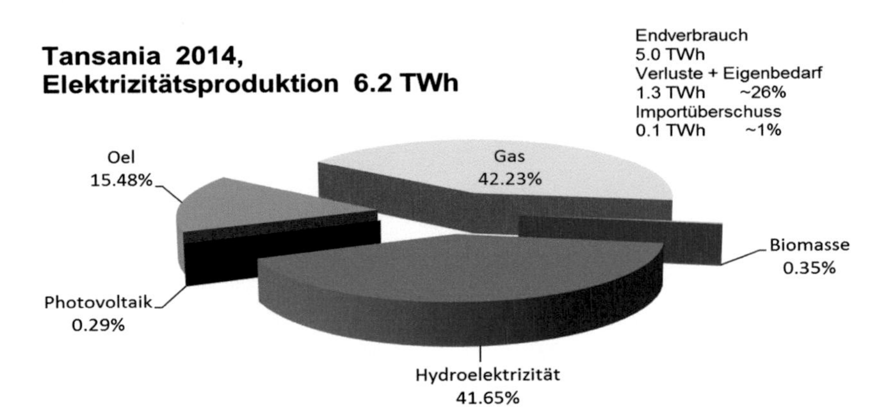

Abb. 3.15 Anteile der Energieträger an der Elektrizitätsproduktion in Tansania

3.3 Tabellen zu Indikatoren und CO_2-Intensitäten gewichtiger Länder des Kontinents

Die Tab. 3.1, 3.2, 3.3, 3.4, 3.5, 3.6 und 3.7 geben die **Energieintensität,** die **Emissionen pro Kopf** und die CO_2-Intensität der Energie (letztere detailliert pro Endenergie und Endverbraucher) im Jahr 2014 für einige der gewichtigsten und bevölkerungsreichsten Länder Afrikas (Die Werte ergeben sich aus den Energiefluss-Diagrammen). El-G = Elektrifizierungsgrad (Anteil der Elektrizität an der Endenergie).

Dazu folgende Bemerkungen:

- Die CO_2-Intensität des **Energiesektors** wird stark vom Grad der **CO_2-Freiheit der Elektrizitätserzeugung** beeinflusst (beste Werte: <110 g CO_2/kWh in Nigeria und deutlich <60 g CO_2/kWh in Äthiopien, Tansania, Kenia). Eine CO_2-arme Elektrizitätserzeugung ist der beste Weg, neben der Verminderung der Energieintensität, zur Verbesserung der CO_2-Nachhaltigkeit und Erreichung der Klimaziele.
- In den genannten Ländern liegt die **CO_2-Intensität des Energiesektors** (weitgehend von derjenigen der Elektrizität bestimmt) bei weniger als 60 % derjenigen des **Verkehrssektors.** Eine verbreitete **Elektrifizierung** des Verkehrs (Bahnen, Elektro- und Hybridautos) würde mittelfristig stark zur Verbesserung der CO_2-Nachhaltigkeit beitragen.

Tab. 3.1 Ägypten (Energieintensität 0,86 kWh/$, Emissionen 1,9 t CO_2/Kopf), El-G = 28,3 %

Energieart (Abb. 3.1)	g CO_2/kWh	Verbraucher (Abb. 3.2)	g CO_2/kWh
Wärme (ohne Elektr.)	217	Industrie	216
Treibstoffe	262	Haushalte etc.	199
Energiesektor	206	Verkehr	262
Total	**219**	Verluste Energiesektor	214

Tab. 3.2 Algerien (Energieintensität 1,10 kWh/$, Emissionen 3,2 t CO_2/Kopf), El-G = 12,6 %

Energieart (Abb. 3.3)	g CO_2/kWh	Verbraucher (Abb. 3.4)	g CO_2/kWh
Wärme (ohne Elektr.)	211	Industrie	207
Treibstoffe	256	Haushalte etc.	209
Energiesektor	202	Verkehr	256
Total	**220**	Verluste Energiesektor	203

Tab. 3.3 Südafrika (Energieintensität 1,07 kWh/$, Emissionen 3,6 t CO_2/Kopf), El-G = 24,2 %

Energieart (Abb. 1.9)	g CO_2/kWh	Verbraucher (Abb. 1.10)	g CO_2/kWh
Wärme (ohne Elektr.)	184	Industrie	194
Treibstoffe	242	Haushalte etc.	9
Energiesektor	192	Verkehr	245
Total	**204**	Verluste Energiesektor	101

Tab. 3.4 Nigeria (Energieintensität 1,60 kWh/$, Emissionen 0,3 t CO_2/Kopf), El-G = 1,8 %

Energieart (Abb. 3.6)	g CO_2/kWh	Verbraucher (Abb. 3.7)	g CO_2/kWh
Wärme (ohne Elektr.)	12	Industrie	86
Treibstoffe	245	Haushalte etc.	101
Energiesektor	107	Verkehr	207
Total	**39**	Verluste Energiesektor	134

Tab. 3.5 Äthiopien (Energieintensität 4,19 kWh/$, Emissionen 0,1 t CO_2/Kopf), El-G = 1,4 %

Energieart (Abb. 3.8)	g CO_2/kWh	Verbraucher (Abb. 3.9)	g CO_2/kWh
Wärme (ohne Elektr.)	11	Industrie	238
Treibstoffe	267	Haushalte etc.	4
Energiesektor	0	Verkehr	267
Total	**16**	Verluste Energiesektor	0

Tab. 3.6 Tansania (Energieintensität 2,44 kWh/$, Emissionen 0,2 t CO_2/Kopf), El-G = 2,0 %

Energieart (Abb. 3.10)	g CO_2/kWh	Verbraucher (Abb. 3.11)	g CO_2/kWh
Wärme (ohne Elektr.)	9	Industrie	47
Treibstoffe	263	Haushalte etc.	5
Energiesektor	54	Verkehr	263
Total	**36**	Verluste Energiesektor	45

Tab. 3.7 Kenia (Energieintensität 2,23 kWh/$, Emissionen 0,3 t CO_2/Kopf), El-G = 4,5 %

Energieart (Abb. 3.12)	g CO_2/kWh	Verbraucher (Abb. 3.13)	g CO_2/kWh
Wärme (ohne Elektr.)	31	Industrie	224
Treibstoffe	262	Haushalte etc.	11
Energiesektor	14	Verkehr	262
Total	**45**	Verluste Energiesektor	11

- Der Einsatz von **Wärmepumpen** ist allgemein sehr sinnvoll, da der Anteil an CO_2-freier Umweltenergie meistens bei etwa 75 % liegt. Somit würden Wärmepumpen, zumindest in den stärker entwickelten Ländern Afrikas, die CO_2-Intensität des Wärmebereichs reduzieren, selbst dann, wenn die CO_2-Intensität des Energiesektors etwa gleich (wie in Ägypten und Algerien) oder sogar über derjenigen des Wärmesektors liegt (wie in Südafrika).
- Die **Energieintensität** ist ein weiterer wichtiger Indikator. Er hängt von der **Effizienz des Energieeinsatzes** ab. Bei Unterentwicklung ist er hoch, nimmt normalerweise bei zunehmender Entwicklung ab und sollte für Rest-Afrika und auch für Afrika insgesamt auf etwa 1.5 kWh/$ stabilisiert werden (Abschn. 2.3 und 2.4).
- Der **Indikator der CO_2-Nachhaltigkeit** (g CO_2/$) ist das Produkt von Energieintensität und CO_2-Intensität der Energie.
- Die **Emissionen pro Kopf** in t CO_2/Kopf und Jahr ergeben sich als Produkt von Index der CO_2-Nachhaltigkeit und Wohlstandsindikator ($/Kopf und Jahr): t CO_2/Kopf, a = g CO_2/$ * $/Kopf, a/$10^6$.

Im Jahr 2014 waren in Nord-Afrika das mittlere jährliche kaufkraftbereinigte Bruttoinlandprodukt **9200 $/Kopf** und die CO_2-Emissionen **2.0 t/Kopf,** entsprechend einem Index der CO_2-Nachhaltigkeit von **216 g CO_2/$.** Um bis 2050, nach weiterem Anstieg bis 2030, auf einem für das Klimaziel zulässigen Wert von **2 t/Kopf** zurückzukommen (s. Abb. 2.6), muss, bei einer Zunahme des BIP (KKP) auf z. B. **14.000 $/Kopf,** der Index der CO_2-Nachhaltigkeit auf rund **140 g CO_2/$** vermindert werden.

In Rest-Afrika waren in 2014 das mittlere BIP (KKP) nur etwa **2800 $/Kopf** und die CO_2-Emissionen **0,3 t/Kopf,** entsprechend einem Index der CO_2-Nachhaltigkeit von **94 g CO_2/$.** Um bis 2050 die CO_2-Emissionen auf einen für das Klimaziel noch zulässigen Anstieg auf **0,6 t/Kopf** zu begrenzen (s. Abb. 2.14), darf, bei einer Zunahme des BIP (KKP) auf z. B. **5000 $/Kopf,** der Index der CO_2-Nachhaltigkeit **140 g CO_2/$** nicht überschreiten.

Literatur

1. Crastan, V. (2017). *Elektrische Energieversorgung 2* (4. Aufl.). Wiesbaden: Springer.
2. Crastan, V. (2016). *Weltweiter Energiebedarf und 2-Grad-Klimaziel, Analyse und Handlungsempfehlungen*. Wiesbaden: Springer.
3. Crastan, V. (2016). *Weltweite Energiewirtschaft und Klimaschutz*. Wiesbaden: Springer.
4. IEA, International Energy Agency. (2016). Statistics & balances. www.iea.org. October 2016.
5. IMF (2016). WEO databases. www.imf.org. October 2016.
6. IPCC (Intergovernmental Panels on Climate Change). (2013). 5. Bericht, Working Group I, September 2013.
7. IPCC (2014a). 5. Bericht, Working Group II. März 2014.
8. IPCC (2014b). 5. Bericht, Working Group III. April 2014.
9. Steinacher, M., Joos, F., & Stocker, T. F. (2013). Allowable carbon emissions lowered by multiple climate targets. *Nature, 499,* 197–201.
10. Crastan, V. (2017a). *Klimawirksame Kennzahlen für Europa und Eurasien*. Wiesbaden: Springer.
11. Crastan, V. (2017b). *Klimawirksame Kennzahlen für Amerika*. Wiesbaden: Springer.

V. Crastan, *Klimawirksame Kennzahlen für Afrika,* essentials,
https://doi.org/10.1007/978-3-658-20496-9

Printed in the United States
By Bookmasters